国家基本职业培训包（指南包　课程包）

起重装卸机械操作工

（汽车吊司机）

（试行）

人力资源社会保障部职业能力建设司编制

中国劳动社会保障出版社

图书在版编目（CIP）数据

起重装卸机械操作工：汽车吊司机：试行 / 人力资源社会保障部职业能力建设司编制. -- 北京：中国劳动社会保障出版社，2020

国家基本职业培训包：指南包　课程包

ISBN 978 - 7 - 5167 - 4405 - 5

Ⅰ. ①起…　Ⅱ. ①人…　Ⅲ. ①起重机械 - 操作 - 职业培训 - 教学参考资料②装卸机械 - 操作 - 职业培训 - 教学参考资料　Ⅳ. ①TH2

中国版本图书馆 CIP 数据核字（2020）第 037923 号

中国劳动社会保障出版社出版发行

（北京市惠新东街 1 号　邮政编码：100029）

*

北京市艺辉印刷有限公司印刷装订　新华书店经销

880 毫米 ×1230 毫米　16 开本　8.5 印张　148 千字

2020 年 4 月第 1 版　2020 年 4 月第 1 次印刷

定价：28.00 元

读者服务部电话：（010）64929211/84209101/64921644

营销中心电话：（010）64962347

出版社网址：http://www.class.com.cn

编 制 说 明

为贯彻落实《中华人民共和国国民经济和社会发展第十三个五年规划纲要》提出的"实行国家基本职业培训包制度"的要求，大力推行终身职业技能培训制度，推进实施职业技能提升行动，按照《人力资源社会保障部办公厅关于推进职业培训包工作的通知》（人社厅发〔2016〕162号）的工作安排，"十三五"期间，组织开发培训需求量大的100个左右国家基本职业培训包，指导开发100个左右地方（行业）特色职业培训包，到"十三五"末，力争全面建立国家基本职业培训包制度，普遍应用职业培训包开展各类职业培训。

职业培训包开发工作是新时期职业培训领域的一项重要基础性工作，旨在形成以综合职业能力培养为核心、以技能水平评价为导向，实现职业培训全过程管理的职业技能培训体系，这对于进一步提高培训质量，加强职业培训规范化、科学化管理，促进职业培训与就业需求的有效衔接，推行终身职业培训制度具有积极的作用。

国家基本职业培训包是集培养目标、培训要求、培训内容、课程规范、考核大纲、教学资源等为一体的职业培训资源总和，是职业培训机构对劳动者开展政府补贴职业培训服务的工作规范和指南。国家基本职业培训包由指南包、课程包和资源包三个子包构成，三个子包各含有相应培训内容与教学资源。

在征求各地培训需求的基础上，经调研论证，人力资源社会保障部组织有关行业专家编制了首批中式烹调师等10个职业（工种）的国家基本职业培训包（指南包 课程包），并于2017年10月印发施行。

在首批中式烹调师等10个职业（工种）国家基本职业培训包编制的基础上，2018年11月，人力资源社会保障部继续组织有关行业专家开展第二批电工等15个职业（工种）的国家基本职业培训包（指南包 课程包）的编制工作。

此次编制的电工等15个职业（工种）的国家基本职业培训包遵循《职业培训包开发技术规程（试行）》的要求，依据国家职业技能标准和企业岗位技术规范，结合新经济、新产业、新职业发展编制，力求客观反映现阶段本职业（工种）的技术水平、对从业人员的要求和职业培训教学规律。

《国家基本职业培训包（指南包 课程包）——起重装卸机械操作工（汽车吊司机）（试行）》是在各有关专家的共同努力下完成的。参加编写的主要人员有张甫、陈传辉、李戈、张明军、李超、刘斌、陈学保、李攀攀、孟献群、李波，参加审定的主要人员有李晓飞、朱长建、孙昌元、路建湖、罗贤智、朱亚夫、杨前进、黄平，在编制过程中得到了江苏省人力资源社会保障厅、徐州工程机械技师学院、徐州重型机械有限公司、国家工程机械质量监督检验中心、机械行业能力评价工程机械实训基地、北京起重运输机械设计研究院、中联重科股份有限公司、北京兴力通达科技发展有限公司、中机寰宇认证检验有限公司、上海傲江生态环境科技有限公司等有关单位的大力支持，在此一并致谢。

国家基本职业培训包编审委员会

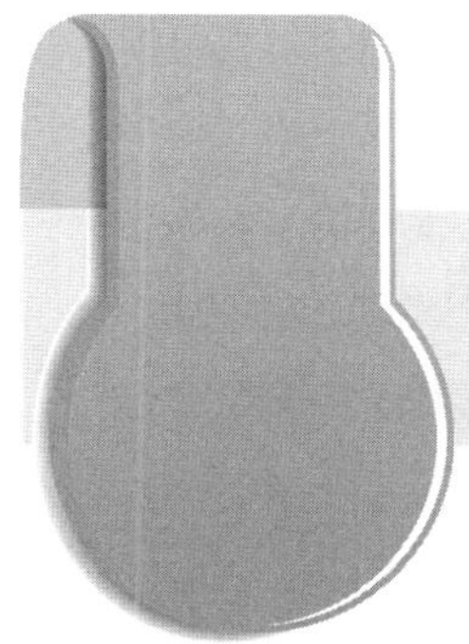

目　录

1 指 南 包

2 课 程 包

附录 培训要求与课程规范对照表

1

指南包

1.1 职业培训包使用指南

1.1.1 职业培训包结构与内容

起重装卸机械操作工（汽车吊司机）职业培训包由指南包、课程包、资源包三个子包构成，结构如下图所示。

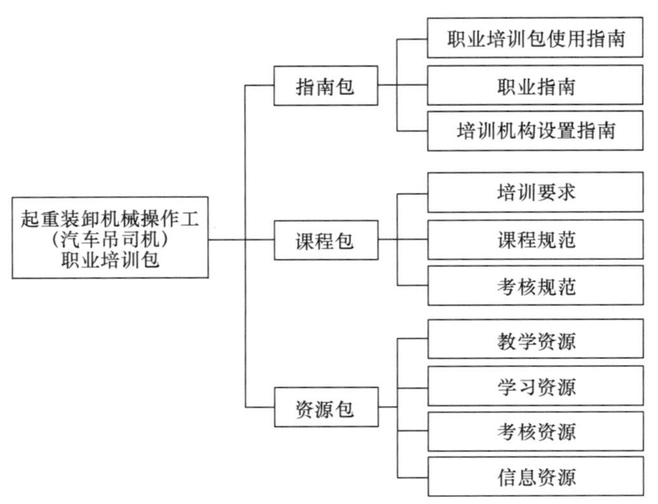

职业培训包结构图

指南包是指导培训机构、培训教师与学员开展职业培训的服务性内容总合，包括职业培训包使用指南、职业指南和培训机构设置指南。职业培训包使用指南是培训教师与学员了解职业培训包内容、选择培训课程、使用培训资源的说明性文本，职业指南是对职业信息的概述，培训机构设置指南是对培训机构开展职业培训提出的具体要求。

课程包是培训机构与教师实施职业培训，培训学员接受职业培训必须遵守的规范总合，包括培训要求、课程规范、考核规范。培训要求是参照国家职业技能标准，结合职业岗位工作实际需求制定的职业培训规范。课程规范是依据培训要求，结合职业培训教学规律，对课程设置、培训学时、课程内容与培训方法等所做的统一规定。考核规范是针对课程规范中所规定的课程内容开发的，能够科学评价培训学员过程性学习效果与终结性培训成果的规则，是客观衡量培训学员职业基本素质与职业技能水平的标准，也是实施职业培训过程性与终结性考核的依据。

资源包是依据课程包要求，基于培训学员特征，遵循职业培训教学规律，应用先进职业培训课程理念，开发的多媒介、多形式的职业培训与考核资源总合，包括教学资源、学习资源、考核资源和信息资源。教学资源是为培训教师组织实施职业培训教学活动提供的相关资源，学习资源是为培训学员学习职业培训课程提供的相关资源，考核资源是为培训机构和教师实施职业培训考核提供的相关资源，信息资源是为培训教师和学员拓宽视野提供的体现科技进步、职业发展的相关动态资源。

1.1.2 培训课程体系介绍

起重装卸机械操作工（汽车吊司机）职业培训课程体系依据职业技能等级分为职业基本素质培训课程、五级 / 初级职业技能培训课程、四级 / 中级职业技能培训课程、三级 / 高级职业技能培训课程、二级 / 技师职业技能培训课程和一级 / 高级技师职业技能培训课程，每一类课程包含模块、课程和学习单元三个层级。起重装卸机械操作工（汽车吊司机）职业培训课程体系均源自本职业培训包课程包中的课程规范，以学习单元为基础，形成职业层次清晰、内容丰富的“培训课程超市”。

起重装卸机械操作工（汽车吊司机）职业培训课程学时分配一览表

职业技能等级	课堂学时		其他学时	培训总学时
	职业基本素质培训课程	职业技能培训课程		
五级 / 初级	64	64	272	400
四级 / 中级	40	72	248	360
三级 / 高级	20	112	168	300
二级 / 技师	10	96	194	300
一级 / 高级技师	0	120	180	300

注：课堂学时是指培训机构开展的理论课程教学及实操课程教学的建议最低学时数，其中职业基本素质培训课程为理论知识、培训课程，职业技能培训课程包含理论知识和操作技能培训课程。除课堂学时外，培训总学时还应包括岗位实习、现场观摩、自学自练等其他学时。

（1）职业基本素质培训课程

职业基本素质培训课程

模块	课程	学习单元	课堂学时
1. 职业认知与职业道德	1–1 职业认知	职业认知	1
	1–2 职业道德与职业守则	职业道德与职业守则	2

续表

模块	课程	学习单元	课堂学时
2. 专业基础理论知识	2–1　机械基础知识	（1）机械识图基础知识	1
		（2）公差配合与测量基础知识	2
		（3）常用金属材料基础知识	2
		（4）常用非金属材料基础知识	1
		（5）机械传动基础知识	4
	2–2　电工与电子基础知识	电工与电子基础知识	4
	2–3　液压传动基础知识	液压传动基础知识	4
	2–4　钳工基础知识	钳工基础知识	2
3. 起重机基础知识	3–1　起重机结构	（1）认识起重机	2
		（2）认识起重机动力系统	2
		（3）认识起重机支腿	2
		（4）认识起重机工作装置	12
		（5）认识起重机液压系统	4
		（6）认识起重机电气控制系统	4
		（7）认识起重机安全防护装置	2
	3–2　起重机维护与保养	常规维护与保养	2
4. 安全文明生产与环境保护	4–1　安全文明生产	（1）安全操作规程	2
		（2）通道的使用	1
		（3）起重作业指挥信号	2
		（4）安全警示牌的设置和撤除	1
		（5）登高作业的安全防护	1
		（6）消防器材的使用	1
		（7）紧急逃生与救护	1
	4–2　环境保护知识	环境保护知识	1
5. 相关法律、法规知识	相关法律、法规知识	相关法律、法规知识	1
课堂学时合计			64

注：1. 本表所列为五级 / 初级职业基本素质培训课程，其他等级职业基本素质课程按“起重装卸机械操作工（汽车吊司机）职业培训课程学时分配一览表”中相应的课堂学时要求进行必要的调整。

2. 本表所列起重机包括汽车吊和全地面起重机，以下同。

（2）五级 / 初级职业技能培训课程

模块	课程	学习单元	课堂学时
1. 起重机操作	1–1　环境识别与安全防护	（1）环境识别	1
		（2）安全防护	2
	1–2　作业前检查	（1）规则重物重量识别及重心确认	2
		（2）检查外观及连接件	1
		（3）检查油、液	1
		（4）检查承载部件	1
		（5）检查操纵件及指示器	1
		（6）检查安全装置	2
		（7）检查警示标识及消防器材	1
		（8）规范填写记录本	1
	1–3　作业中操作	（1）识读性能图表	1
		（2）使用吊具	1
		（3）起动起重机	2
		（4）操作取力装置	1
		（5）操作起重机支腿	2
		（6）操作工作装置	16
		（7）规则重物起重作业	16
	1–4　收车及交接	收车及交接	2
2. 起重机维护与保养	2–1　检查与维护	（1）电气部分的日常检查与更换	2
		（2）操纵室的检查与调整	1
		（3）液压部分的日常检查与更换	2
	2–2　设备保养	（1）机构润滑保养	4
		（2）更换液压油	1
课堂学时合计			64

（3）四级 / 中级职业技能培训课程

模块	课程	学习单元	课堂学时
1. 起重机操作	1–1 环境识别与安全防护	（1）环境识别	1
		（2）安全防护	2
	1–2 作业前检查	（1）检查结构件外观	1
		（2）选择吊具、索具	1
		（3）检查取力装置	2
		（4）检查回转机构	2
		（5）检查变幅机构	1
		（6）检查起重臂机构	4
		（7）检查起升机构	4
	1–3 作业中操作	（1）选择起重作业位置	2
		（2）使用力矩限制器	2
		（3）调整钢丝绳倍率	3
		（4）安装副起重臂、副钩	3
		（5）安装平衡重	3
		（6）复合动作起重作业	8
		（7）拆垛、堆垛起重作业	8
	1–4 作业后检查	检查作业后起重机外观	1
2. 起重机维护与保养	2–1 检查与维护	（1）机械部分的日常检查与调整	4
		（2）电气部分的日常检查与更换	2
		（3）调整伸缩臂钢丝绳松紧度	2
	2–2 设备保养	（1）液压油箱及滤清器的保养	2
		（2）发动机滤清器的保养	2
		（3）减速器的保养	2
3. 起重机故障识别与处理	3–1 识别与处理轻微机械故障	识别与处理轻微机械故障	2
	3–2 识别与处理工作装置故障	（1）识别与处理支腿系统故障	2
		（2）识别上车工作装置故障	2
	3–3 识别与处理安全装置及液压、电气元件故障	（1）识别与处理安全装置及电气系统轻微故障	2
		（2）识别与处理简单液压元件轻微故障	2
课堂学时合计			72

（4）三级 / 高级职业技能培训课程

模块	课程	学习单元	课堂学时
1. 起重机操作	1-1　环境识别与安全防护	（1）环境识别	2
		（2）安全防护	4
	1-2　作业前检查	（1）检查力矩限制器等安全装置	4
		（2）检查钢丝绳	2
		（3）检查单缸插销式伸缩机构	8
		（4）检查动力传动装置	4
		（5）检查辅助装置	2
	1-3　作业中操作	（1）单缸插销式起重机空载操作	8
		（2）拆装及操作辅助装置	8
		（3）特殊重物起重作业	16
		（4）遥控操作起重作业	2
		（5）两台起重机配合进行辅助作业	4
2. 起重机维护与保养	2-1　检查与维护	（1）检查与调整动力传动装置	2
		（2）调整起重臂	8
		（3）检查与调整辅助元件	4
	2-2　设备保养	（1）检查油品质量	2
		（2）集中润滑系统	2
3. 起重机故障识别与处理	3-1　故障识别	（1）识别工作装置故障	8
		（2）识别单缸插销式起重臂故障	4
		（3）识别上车电气系统故障	8
	3-2　故障处理	（1）处理机械元件一般故障	3
		（2）处理液压元件一般故障	4
		（3）处理电气元件一般故障	3
课堂学时合计			112

（5）二级 / 技师职业技能培训课程

模块	课程	学习单元	课堂学时
1. 起重机操作	1–1 作业前检查	（1）超起装置起重作业前检查	2
		（2）变幅副臂装置起重作业前检查	2
	1–2 作业中操作	（1）超起装置的安装与调试	8
		（2）变幅副臂装置的安装与调试	8
		（3）带超起、变幅副臂装置的起重机起重作业	12
		（4）两台起重机配合起重作业主操作	4
		（5）全地面起重机带载行驶	2
2. 起重机维护与保养	2–1 检查与维护	（1）调整压力和电流参数	2
		（2）调整起重臂、支腿滑块间隙	2
		（3）测量与调整回转啮合间隙	4
	2–2 设备保养	（1）金属结构防锈、防腐	2
		（2）关键部件保养	2
3. 起重机故障识别与处理	3–1 故障识别	（1）识别液压元件运行状态	2
		（2）动力系统一般故障识别及故障分析报告编写	4
		（3）检查电气控制系统状态	2
	3–2 故障处理	（1）识读液压、电气原理图	4
		（2）处理油温过高故障	4
		（3）处理液压冲击故障	2
		（4）分析处理常见疑难故障	2
4. 技术革新	4–1 新机试验及老机评估	（1）新机试验	4
		（2）老机评估	2
	4–2 起重作业方案制定及工装改进	（1）制定起重作业方案	4
		（2）吊具功能改造	4
5. 培训与管理	5–1 技术培训	（1）编写培训教案并制作课件	2
		（2）起重作业培训指导	2
	5–2 机务管理	（1）制订保养及维修计划	2
		（2）建立起重机拆装、装运管理运行方法	2
		（3）项修后的设备技术评定和验收	2
		（4）设备及作业人员管理	2
课堂学时合计			96

（6）一级 / 高级技师职业技能培训课程

模块	课程	学习单元	课堂学时
1. 起重机操作	1-1　作业中操作	（1）大型重物的起重作业	4
		（2）多机（两台以上）联合起重作业	4
	1-2　指挥起重作业	指挥起重作业	4
2. 起重机维护与保养	2-1　检查与维护	（1）标定相关操作参数	4
		（2）测试与优化整机关键性能	4
		（3）校准力矩限制器参数	4
		（4）拆卸、安装各总成并检查	4
	2-2　设备保养	创新保养方式	2
3. 起重机故障识别与处理	3-1　故障识别	（1）伸缩系统振动和噪声故障识别	3
		（2）卷扬系统失速和抖动故障识别	3
		（3）判定金属结构局部变形	4
	3-2　故障处理	（1）伸缩系统振动和噪声故障处理	4
		（2）卷扬系统故障处理	4
		（3）修复金属结构局部变形	4
4. 技术革新	4-1　设备更新	（1）主机产品改进建议	2
		（2）部件检测及替换、更新	2
		（3）新技术在起重机改造上的应用	2
		（4）承载后整机稳定性的计算	4
	4-2　制定转场方案和撰写技术总结	（1）制定起重机转场方案	4
		（2）撰写技术总结或相关论文	2
5. 培训与管理	5-1　技术培训	（1）技术培训	2
		（2）合作开发教学实习设备	2
		（3）新技术、新设备、新标准在起重作业中的应用	2
		（4）培训管理	2
		（5）起重作业操作指导	4
	5-2　机务管理	（1）建立与管理设备技术档案	2
		（2）制订设备更新计划	2
		（3）远程监控技术应用	4
		（4）大修后起重机空载性能检查	16
		（5）大修后起重机的起重作业性能试验	16
课堂学时合计			120

1.1.3 培训课程选择指导

职业基本素质培训课程为必修课程，相当于本职业的入门课程。各级别职业技能培训课程由培训机构教师根据培训学员实际情况，遵循高级别涵盖低级别的原则进行选择。

原则上，初入职的培训学员应学习职业基本素质培训课程和五级 / 初级职业技能培训课程的全部内容，有职业技能等级提升需求的培训学员，可按照国家职业技能标准的“鉴定要求”，对照自身需求选择更高等级的培训课程。

具有一定从业经验、无职业技能等级晋升要求的培训学员，可根据自身实际情况自主选择本职业培训课程体系。具体方法为：①选择课程模块；②在模块中筛选课程；③在课程中筛选学习单元；④组合成本次培训的整个课程。

培训教师可以根据以上方法对培训学员进行单独指导。对于订单培训，培训教师可以按照如上方法，对照订单要求进行培训课程的选择。

1.2 职 业 指 南

1.2.1 职业描述

汽车吊司机是指操作汽车吊进行重物吊装、转运的起重作业人员。

1.2.2 职业培训对象

汽车吊司机职业培训的对象主要包括：城乡未继续升学的应届初高中毕业生、农村转移就业劳动者、城镇登记失业人员、转岗转业人员、退役军人、企业在职职工和高校毕业生等各类有培训需求的人员。

1.2.3 就业前景

汽车吊司机的工作岗位有汽车吊生产制造装配、调试、销售 / 服务，汽车吊操作，汽车吊施工和技术管理，汽车吊租赁管理等。

1.3 培训机构设置指南

1.3.1 师资配备要求

（1）培训教师任职基本条件

1）培训五级 / 初级、四级 / 中级、三级 / 高级汽车吊司机的教师应具备本职业二级 / 技师及以上职业资格证书（技能等级证书）或相关专业中级及以上专业技术职务任职资格。

2）培训汽车吊司机二级 / 技师的教师应具备本职业一级 / 高级技师职业资格证书（技能等级证书）或相关专业高级专业技术职务任职资格。

3）培训汽车吊司机一级 / 高级技师的教师应具备职业一级 / 高级技师职业资格证书（技能等级证书）2 年以上或相关专业高级专业技术职务任职资格。

（2）培训教师数量要求（以 30 人培训班为基准）

1）理论课教师：3 人以上；培训规模超过 30 人的，按教师与学员之比不低于 1∶10 配备教师。

2）实习指导教师：2 人以上；培训规模超过 30 人的，按教师与学员之比不低于 1∶15 配备教师。

1.3.2 培训场所设备配置要求

培训场所设备配置要求如下（以 30 人培训班为基准）

（1）理论知识培训场所设备配置要求：70 平方米以上标准教室，多媒体教学设备（计算机、投影仪、幕布或显示屏、网络接入设备、音响设备），黑（白）板，30 套以上桌椅，符合照明、通风、安全等相关规定。

（2）操作技能培训场所设备、设施配置要求：每间模拟实训教室应配置能够满足模拟实训训练需要的模拟实训设备等，面积在 70 平方米以上，整机训练场地面积应不少于 1 600 平方米（宽度不少于 30 米），并配置能够满足实训需要的试验砝码、工具、吊具、索具、检测仪器设备等，设备设施配套齐全，符合环保、劳保、安全、卫生、消防、通风和照明等相关规定。

1.3.3 教学资料配备要求

（1）培训规范：《起重装卸机械操作工国家职业技能标准》《汽车吊司机职业基本素质培训要求》《汽车吊司机职业技能培训要求》《汽车吊司机职业基本素质培训课程规范》《汽车吊司机职业技能培训课程规范》《汽车吊司机职业基本素质培训考核规范》《汽车吊司机职业技能培训理论知识考核规范》《汽车吊司机职业技能培训操作技能考核规范》。

（2）教学资源：教材教辅、网络资源等内容必须符合“（1）培训规范”。

1.3.4 管理人员配备要求

（1）专职校长：1 人，应具有大专及以上文化程度、中级及以上专业技术职务任职资格，从事职业技术教育及教学管理 5 年以上，熟悉职业培训的有关法律、法规。

（2）教学管理人员：1 人以上，专职不少于 1 人；应具有大专及以上文化程度、中级及以上专业技术职务任职资格，从事职业技术教育及教学管理 5 年以上，具有丰富的教学管理经验。

（3）办公室人员：1 人以上，应具有大专及以上文化程度。

（4）财务管理人员：2 人，应具有大专及以上文化程度及财会人员从业资格证书。

1.3.5 管理制度要求

应建立完备的管理制度，包括办学章程与发展规划、教学管理、教师管理、学员管理、财务管理、设备管理等制度。

2
课程包

2.1 培训要求

2.1.1 职业基本素质培训要求

职业基本素质模块	培训内容	培训细目
1. 职业认知与职业道德	1-1 职业认知	（1）汽车吊司机工作内容 （2）汽车吊司机国家职业技能等级划分方法 （3）起重作业在施工工程中的应用 （4）国内外起重机发展概况
	1-2 职业道德与职业守则	（1）汽车吊司机职业道德规范 （2）汽车吊司机职业守则
2. 专业基础理论知识	2-1 机械基础知识	（1）机械识图基础知识 （2）测量器具的使用 （3）公差配合与尺寸标注识读 （4）常用金属和非金属材料的种类、性能与应用 （5）机械传动基础知识
	2-2 电工与电子基础知识	（1）安全用电的基本知识 （2）交流电路、直流电路的基本知识 （3）低压电气基本知识 （4）常用电气与电子元件识别与应用
	2-3 液压传动基础知识	（1）液压系统组成及功能 （2）液压原理识图 （3）常用液压元件种类及用途 （4）常用工作介质的应用
	2-4 钳工基础知识	（1）钳工常用设备知识 （2）钳工常用工具的使用方法 （3）钳工常用仪表的使用方法

续表

职业基本素质模块	培训内容	培训细目
3. 起重机基础知识	3-1　起重机结构组成认知	（1）起重机分类、结构及主要技术参数等 （2）起重机动力系统组成及功能 （3）起重机支腿组成及功能 （4）起重机工作装置组成及功能 （5）起重机液压系统组成及功能 （6）起重机电气控制系统组成及功能 （7）起重机安全防护装置组成及功能
	3-2　起重机维护与保养	（1）起重机常规维护保养的内容及意义 （2）润滑油、润滑脂的基础知识 （3）起重机作业机构润滑
4. 安全文明生产与环境保护	4-1　安全文明生产	（1）穿戴劳动防护用品 （2）起重机安全操作规程 （3）通道使用 （4）识别起重作业指挥信号 （5）设置和撤除安全警示牌 （6）登高作业的安全防护 （7）使用消防器材 （8）紧急逃生与救护
	4-2　环境保护知识	（1）处置蓄电池电解液 （2）处置废弃油品 （3）作业噪声污染
5. 相关法律、法规知识	相关法律、法规知识	（1）《中华人民共和国道路交通安全法》相关知识 （2）《特种设备安全监察条例》相关知识 （3）《中华人民共和国环境保护法》相关知识 （4）《中华人民共和国安全生产法》相关知识 （5）《中华人民共和国消防法》相关知识 （6）《中华人民共和国劳动合同法》相关知识

2.1.2　五级 / 初级职业技能培训要求

职业功能模块	培训内容	技能目标	培训细目
1. 起重机操作	1-1　环境识别与安全防护	1-1-1　能识别作业危险因素	（1）识别作业空间危险因素 （2）识别作业地面危险因素 （3）识别常见危险品危险因素 （4）识别作业天气及能见度危险因素
		1-1-2　能对作业危险因素进行防护	（1）作业空间的安全防护 （2）作业地面的安全防护 （3）常见危险品的安全防护 （4）作业天气及能见度的安全防护

续表

职业功能模块	培训内容	技能目标	培训细目
1. 起重机操作	1-2 作业前检查	1-2-1 能识别规则重物重量并确认其重心	（1）识别规则重物重量 （2）确认规则重物重心
		1-2-2 能检查起重机外观及连接件完好性	（1）检查起重机的外观 （2）各连接件螺栓的扭矩要求 （3）检查各连接件有无松动
		1-2-3 能检查燃油、润滑油、液压油、冷却水的加注情况	（1）燃油、润滑油、液压油、冷却水的加注标准 （2）检查燃油、润滑油、液压油、冷却水液位
		1-2-4 能检查承载部件良好性、可靠性	（1）检查钢丝绳是否有断丝、断股、磨损、锈蚀等，判断是否需要更换 （2）检查吊钩转锁回转是否自如、防脱绳装置是否正常 （3）检查卷筒及滑轮上钢丝绳有无跳槽、脱槽
		1-2-5 能检查操纵件及指示器工作状况	（1）检查各操作手柄挡位、开关、仪表 （2）检查转速表、机油压力表、水温表、燃油表、气压表的功能完好性
		1-2-6 能检查安全装置良好性、可靠性	（1）检查力矩限制器的良好性、可靠性 （2）检查运动限制器的良好性、可靠性
		1-2-7 能检查警示标识及消防器材配置完整性	（1）警示标识及消防器材的配置要求 （2）规范使用警示标识 （3）规范使用消防器材
		1-2-8 能规范填写记录本	（1）记录本的格式 （2）规范填写记录本 （3）规范更改记录本
	1-3 作业中操作	1-3-1 能识读技术参数及额定起重量图表	（1）识读技术参数 （2）识读额定起重量图表

续表

职业功能模块	培训内容	技能目标	培训细目
1. 起重机操作	1–3 作业中操作	1–3–2 能规范使用吊具	规范使用常用吊具
		1–3–3 能按规定程序起动起重机	（1）按规定上车 （2）按规定下车 （3）常温下起动起重机 （4）低温下起动起重机
		1–3–4 能规范操作取力装置	规范操作取力器
		1–3–5 能完成起重机支腿收放及水平调整	（1）规范操作起重机水平支腿和垂直支腿 （2）正确识读水平仪 （3）水平调整起重机
		1–3–6 能规范操作起重机工作装置	（1）规范操作起升机构 （2）规范操作主臂变幅机构 （3）规范操作主臂伸缩机构 （4）规范操作回转机构
		1–3–7 能完成规则重物起重作业	（1）挂吊钩 （2）重物离地 （3）空中转运 （4）重物下落
	1–4 收车及交接	1–4–1 能规范完成收车	（1）各工作装置的规范收车 （2）停机收车
		1–4–2 能填写工作日志，履行交接班程序	（1）规范填写工作日志 （2）规范履行交接班程序
2. 起重机维护与保养	2–1 检查与维护	2–1–1 能按规定对电气元件进行日常检查与更换	（1）易损坏电气元件日常检查 （2）更换易损坏电气元件
		2–1–2 能按规定对操纵室进行检查与调整	（1）检查与调整紧固元件 （2）检查与调整窗、门锁开关功能 （3）检查与调整刮水器动作
		2–1–3 能按规定对液压元件进行日常检查与更换	（1）检查与处理液压管路漏油现象 （2）检查与处理管夹松动现象 （3）检查与处理管路老化、扭曲和损坏现象
	2–2 设备保养	2–2–1 能按规定对起重机机构进行润滑保养	（1）明确机构润滑保养的位置 （2）机构润滑保养
		2–2–2 能更换液压油	（1）确认液压油箱在整机上的位置 （2）正确更换液压油

2.1.3 四级 / 中级职业技能培训要求

职业功能模块	培训内容	技能目标	培训细目
1. 起重机操作	1-1 环境识别与安全防护	1-1-1 能识别作业危险因素	（1）识别地面工程结构危险因素 （2）识别空中设施危险因素 （3）识别危险化学品、腐蚀性物品危险因素 （4）识别恶劣气候环境等危险因素
		1-1-2 能对作业危险因素采取安全防护措施	（1）地面工程结构的安全防护 （2）空中设施的安全防护 （3）危险化学品、腐蚀性物品的安全防护 （4）恶劣气候环境下的安全防护
	1-2 作业前检查	1-2-1 能检查结构件外观变形、损伤、锈蚀、开焊	（1）认识结构件外观变形、损伤、锈蚀、开焊的危害性 （2）检查结构件外观变形、损伤、锈蚀、开焊情况
		1-2-2 能选择吊具、索具，并与重物匹配	（1）辨识吊具、索具承载能力 （2）选择与重物匹配的吊具、索具
		1-2-3 能检查取力装置的运行状态	（1）认知取力装置的结构原理 （2）检查取力装置运行状态
		1-2-4 能检查回转机构的运行状态	（1）检查回转制动器制动性能 （2）检查回转减速器回转平顺性
		1-2-5 能检查变幅机构的运行状态	（1）检查变幅油缸外观 （2）检查变幅机构铰点
		1-2-6 能检查起重臂机构的运行状态	（1）检查起重臂主臂 （2）检查起重臂伸缩机构
		1-2-7 能检查起升机构的运行状态	（1）检查卷扬制动器制动性能 （2）检查卷扬减速机 （3）检查吊钩 （4）检查钢丝绳固定装置

续表

职业功能模块	培训内容	技能目标	培训细目
1. 起重机操作	1-3 作业中操作	1-3-1 能选择起重作业位置	（1）确认汽车吊回转中心位置 （2）确认起重作业位置
		1-3-2 能使用力矩限制器	（1）力矩限制器的功能查询 （2）使用力矩限制器进行作业参数设置
		1-3-3 能调整钢丝绳倍率	（1）在不同工况下选择钢丝绳倍率 （2）调整钢丝绳倍率 （3）安装钢丝绳与楔套
		1-3-4 能安装副起重臂、副钩	（1）副起重臂与主起重臂连接 （2）安装及使用副钩
		1-3-5 能安装平衡重（油缸在主机上）	（1）安装平衡重 （2）固定平衡重
		1-3-6 能操作起重机进行复合动作起重作业	（1）伸缩和起升作业操作 （2）回转和起升作业操作 （3）变幅和起升作业操作
		1-3-7 能操作起重机拆垛、堆垛	（1）拆垛作业起重操作 （2）堆垛作业起重操作
	1-4 作业后检查	能检查作业后起重机外观变化	检查作业后起重机外观变化
2. 起重机维护与保养	2-1 检查与维护	2-1-1 能对机械部分进行日常检查与调整	（1）主承载件紧固螺栓扭矩的检查与调整 （2）安全装置紧固螺栓扭矩的检查与调整 （3）关键零部件紧固螺栓扭矩的检查与调整
		2-1-2 能对电气部分进行日常检查与更换	（1）检查与更换蓄电池 （2）检查与更换绝缘电气线路 （3）检查与更换电源总开关
		2-1-3 能调整伸缩臂钢丝绳松紧度	（1）判断伸缩臂钢丝绳松紧度 （2）调整伸缩臂钢丝绳松紧度

续表

职业功能模块	培训内容	技能目标	培训细目
2. 起重机维护与保养	2-2 设备保养	2-2-1 能按规定对液压油箱及滤清器进行清理与更换	（1）清理液压油箱 （2）清理与更换液压系统吸油、回油滤清器
		2-2-2 能对发动机滤清器进行清理与更换	（1）更换机油及滤清器 （2）清理与更换燃油滤清器
		2-2-3 能保养减速器	（1）检查减速器运转状况 （2）添加或更换润滑油
3. 起重机故障识别与处理	3-1 识别与处理轻微机械故障	能识别与处理轻微机械故障	（1）操纵装置失灵的识别与处理 （2）运动部件卡滞的识别与处理 （3）水平仪失效的识别与处理 （4）滑轮卡滞、异响的识别与处理 （5）压绳器不起作用的识别与处理
	3-2 识别与处理工作装置故障	3-2-1 能识别与处理支腿系统故障	（1）支腿安装故障的识别与处理 （2）支腿液压操作故障的识别与处理
		3-2-2 能识别上车工作装置故障	（1）起重臂不能伸出、缩回的故障识别 （2）变幅自动下降的故障识别 （3）伸缩机构阻力大的故障识别
	3-3 识别与处理安全装置及液压、电气元件故障	3-3-1 能识别与处理安全装置及电气元件轻微故障	（1）高度限位器失灵的故障识别与处理 （2）三圈保护器失效的故障识别与处理 （3）电源指示灯异常的故障识别与处理 （4）三色警灯失效的故障识别与处理 （5）仪表盘故障指示的故障识别与处理
		3-3-2 能识别与处理简单液压元件轻微故障	（1）液压管路渗油、漏油故障的排除 （2）液压元件渗油、漏油故障的排除 （3）压力表失灵故障的排除

2.1.4 三级 / 高级职业技能培训要求

职业功能模块	培训内容	技能目标	培训细目
1. 起重机操作	1-1 环境识别与安全防护	1-1-1 能识别作业危险因素	（1）识别地面环境危险因素 （2）识别特殊场所危险因素 （3）识别气候环境危险因素 （4）识别现场人员潜在危险因素

续表

职业功能模块	培训内容	技能目标	培训细目
1. 起重机操作	1-1 环境识别与安全防护	1-1-2 能对作业危险因素采取安全防护措施	（1）地面环境的安全防护 （2）特殊场所的安全防护 （3）气候环境的安全防护 （4）现场人员的安全防护
	1-2 作业前检查	1-2-1 能发现力矩限制器传感器的工作异常	（1）检查长度传感器 （2）检查角度传感器 （3）检查压力传感器
		1-2-2 能检查钢丝绳的完好性	（1）检测钢丝绳直径 （2）检查钢丝绳磨损情况 （3）确认钢丝绳是否报废
		1-2-3 能检查单缸插销式起重臂的工作状态	（1）检查伸缩油缸轨道润滑情况 （2）检查伸缩油缸轨道滑块 （3）检查伸缩油缸缸销、臂销开关检测位置 （4）检查臂销螺栓防松装置 （5）检查伸缩油缸缸销、臂销运动动作 （6）检查起重臂滑块 （7）检查起重臂对中装置
		1-2-4 能检查动力传动装置的运行状态	（1）检查发动机油位 （2）检查分动箱 （3）检查空滤器 （4）检查及清理散热器 （5）检查动力传动装置连接的可靠性
		1-2-5 能检查起重机辅助装置的运行状态	（1）检查平衡重油缸固定挂接点可靠性 （2）检查平衡重油缸空载动作 （3）检查操纵室翻转动作 （4）检查操纵室翻转油缸固定点可靠性 （5）检查回转机构液压锁止装置动作
	1-3 作业中操作	1-3-1 能对单缸插销式起重机进行空载操作	（1）选择单缸插销式起重机起重作业工况 （2）单缸插销式起重机空载操作

续表

职业功能模块	培训内容	技能目标	培训细目
1. 起重机操作	1-3 作业中操作	1-3-2 能拆装并操作起重机辅助装置	（1）拆装起重机辅助装置 （2）操作起重机辅助装置
		1-3-3 能对形状不规则重物进行起重作业	（1）识读重物安装图及施工设计方案 （2）确认形状不规则重物重心 （3）水平或垂直表面较大重物的起重作业 （4）长且柔性重物的起重作业 （5）重心不稳定重物起重作业
		1-3-4 遥控操作起重作业	（1）遥控器的结构及工作原理 （2）遥控操作起重作业
		1-3-5 能配合主起重机完成辅助起重作业	（1）识别起重作业旗语信号 （2）配合起吊同一重物辅助操作
2. 起重机维护与保养	2-1 检查与维护	2-1-1 能对动力传动装置关键零部件连接螺栓拧紧力矩进行检查与调整	（1）检查与调整发动机主连接螺栓拧紧力矩 （2）检查与调整分动箱和发动机连接处螺栓拧紧力矩 （3）检查与调整减速机连接螺栓拧紧扭矩
		2-1-2 能对起重臂进行调整	（1）调整起重臂滑块间隙 （2）调整臂销螺栓拔插行程 （3）调整伸缩油缸缸销、臂销检测开关间隙 （4）调整伸缩油缸与起重臂滑道间隙 （5）调整起重臂对中装置
		2-1-3 能对辅助元件进行检查与调整	（1）操纵室、平衡重油缸运行状态的检查与调整 （2）副起重臂安装连接尺寸的检查与调整
	2-2 设备保养	2-2-1 能按规定对起重机油品质量进行检查	（1）起重机油品质量常规检查 （2）变质、污染等油品的检查
		2-2-2 能保养集中润滑系统	（1）选择与加注集中润滑系统油品 （2）设定集中润滑系统时间 （3）清洁集中润滑系统管路
3. 起重机故障识别与处理	3-1 故障识别	3-1-1 能识别工作装置一般故障	（1）识别回转机构故障 （2）识别起升机构故障 （3）识别变幅机构故障
		3-1-2 能识别单缸插销式起重臂故障	（1）识别缸销或臂销无法正常插拔的故障 （2）识别伸缩缸无法找到臂位的故障
		3-1-3 能识别上车电气系统故障	（1）常用电气测量工具的使用 （2）根据力矩限制器系统故障显示识别故障 （3）识别操作手柄（电气）失灵故障

续表

职业功能模块	培训内容	技能目标	培训细目
3. 起重机故障识别与处理	3-2 故障处理	3-2-1 能处理机械元件一般故障	（1）处理滑轮工作异常故障 （2）处理托辊工作异常故障 （3）处理吊钩磨损故障
		3-2-2 能排除液压元件一般故障	（1）常用液压测量工具的使用 （2）处理液压缸、液压锁内滞、卡滞故障等
		3-2-3 能排除电气元件一般故障	（1）处理传感器无信号故障 （2）处理接近开关、运动限制器零部件故障 （3）处理电磁阀工作异常故障

2.1.5 二级 / 技师职业技能培训要求

职业功能模块	培训内容	技能目标	培训细目
1. 起重机操作	1-1 作业前检查	1-1-1 能进行超起装置起重作业前检查	（1）检查超起装置连接部件、结构件 （2）检查超起装置电气元件及安全防护装置 （3）设置及确认超起装置作业工况
		1-1-2 能进行变幅副臂装置起重作业前检查	（1）检查变幅副臂装置的连接部件、结构件及电气元件 （2）检查变幅副臂装置的安全防护装置 （3）设置及确认变幅副臂装置作业工况
	1-2 作业中操作	1-2-1 能对超起装置进行安装与调试	（1）安装超起装置 （2）调试超起装置
		1-2-2 能对变幅副臂装置进行安装与调试	（1）安装变幅副臂装置 （2）调试变幅副臂装置
		1-2-3 能操作带超起、变幅副臂装置的起重机进行起重作业	（1）主起重臂的起重作业 （2）带超起、变幅副臂装置的起重作业
		1-2-4 能在两台起重机配合作业时完成主操作	（1）确认及控制作业重心 （2）起重任务的确认及同步操作的控制 （3）应急处理
		1-2-5 能进行全地面起重机带载行驶	（1）操作全地面起重机 （2）全地面起重机带载行驶

续表

职业功能模块	培训内容	技能目标	培训细目
2. 起重机维护与保养	2-1 检查与维护	2-1-1 能调整起重机压力和电流参数	（1）调整压力参数 （2）调整电流参数
		2-1-2 能对起重臂、支腿滑块的间隙进行调整	（1）起重臂、支腿滑块间隙的测量 （2）起重臂、支腿滑块间隙的调整
		2-1-3 能对回转啮合间隙进行测量及调整	（1）回转啮合间隙的测量 （2）回转啮合间隙的调整
	2-2 设备保养	2-2-1 能根据起重机使用情况提出金属结构防锈、防腐方案	（1）金属结构防锈 （2）金属结构防腐
		2-2-2 能对起重机关键部件进行保养	（1）超起装置的保养 （2）变幅副臂装置的保养
3. 起重机故障识别与处理	3-1 故障识别	3-1-1 能识别液压泵、液压马达和液压阀等的运转状态	（1）识别液压泵运行状态 （2）识别液压马达运行状态 （3）识别液压阀工作状态
		3-1-2 能根据动力系统一般故障现象分析故障原因，编写故障分析报告	（1）识别动力系统一般故障现象 （2）编写故障分析报告
		3-1-3 能识别电气控制系统异常状态	（1）检查控制器工作状态 （2）检查长度传感器、压力传感器、角度传感器等力矩限制器元件的状态
	3-2 故障处理	3-2-1 能识读起重机液压、电气原理图	（1）识读起重机液压原理图 （2）识读起重机电气原理图
		3-2-2 能处理油温过高故障	（1）油温过高故障现象确认 （2）油温过高故障原因调查 （3）油温过高故障原因分析 （4）油温过高故障处理
		3-2-3 能处理液压冲击故障	（1）液压冲击故障现象确认 （2）液压冲击故障原因调查 （3）液压冲击故障原因分析 （4）液压冲击故障处理
		3-2-4 能进行常见疑难故障的分析处理	（1）整机无动作故障的分析处理 （2）压力不稳定故障的分析处理

续表

职业功能模块	培训内容	技能目标	培训细目
4. 技术革新	4–1 新机试验及老机评估	4–1–1 能对新机进行试验	（1）新机作业性能试验 （2）新机液压及电气控制系统测试 （3）撰写新机试验报告
		4–1–2 能对老机进行评估	（1）结构件疲劳强度试验 （2）起重作业性能评估
	4–2 制定起重作业方案和工装改进	4–2–1 能制定起重作业方案	（1）起重作业方案的计算 （2）制定单台起重机起重作业方案
		4–2–2 能对特殊重物的吊具功能进行改造	（1）分析重物特殊性及起重作业影响因素 （2）特殊重物工装的设计与改进 （3）设备改造方案的验证
5. 培训与管理	5–1 技术培训	5–1–1 能编写培训教案，制作培训课件	（1）编写培训教案 （2）制作培训课件
		5–1–2 能对三级 / 高级工及以下学员进行起重作业培训指导	（1）三级 / 高级工及以下学员起重作业指导 （2）超起、变幅副臂装置的安装指导
	5–2 机务管理	5–2–1 能制订起重机保养与维修计划	（1）制订起重机保养计划 （2）制订起重机维修计划
		5–2–2 能制定起重机拆装、装运管理方法	（1）大型起重机需拆装、运输部件的界定 （2）拆卸与固定零部件 （3）制定起重机拆装、装运管理办法
		5–2–3 能对项修后的起重机进行技术评定和验收	（1）项修后的起重机技术评定 （2）项修后的起重机技术验收
		5–2–4 能对起重机及作业人员进行管理	（1）起重机管理 （2）起重作业人员管理

2.1.6 一级 / 高级技师职业技能培训要求

职业功能模块	培训内容	技能目标	培训细目
1. 起重机操作	1–1 作业中操作	1–1–1 能操作起重机完成大型重物的起重作业	（1）大型重物起重作业应急预案演练 （2）重大危险风险评估及预防 （3）风电、石化、桥梁等大型重物的起重作业
		1–1–2 能组织两台以上起重机联合起重作业	（1）多机起重作业起重能力匹配 （2）多机起重作业起重位置布置 （3）多机起重作业安全指挥信号应用
	1–2 指挥起重作业	能对起重作业进行指挥	（1）起重机现场布置 （2）起重作业位置确认 （3）起重作业人员的选择及演练

续表

职业功能模块	培训内容	技能目标	培训细目
2. 起重机维护与保养	2-1 检查与维护	2-1-1 能依据技术要求，调整、标定起重机相关操作参数	（1）调整、标定压力、电流等参数 （2）调整、标定传感器参数
		2-1-2 能指导技师以下司机进行整机关键性能（稳定性、强度性能）的测试与调整，并提出改进建议	（1）起重机强度性能测试与优化 （2）起重机稳定性能测试与优化
		2-1-3 能进行力矩限制器参数（长度、角度、质量）的校准	（1）力矩限制器长度的校准 （2）力矩限制器角度的校准 （3）力矩限制器质量的校准
		2-1-4 能拆卸、安装起重机各总成并进行检查	（1）拆装伸臂总成 （2）拆装支腿总成 （3）拆装超起装置 （4）拆装塔臂 （5）检查主要部件性能
	2-2 设备保养	能根据设备结构创新保养方式	（1）应用创新工具 （2）研究先进保养方法
3. 起重机故障识别与处理	3-1 故障识别	3-1-1 能协助诊断系统振动和噪声故障	（1）协助诊断伸缩系统振动故障 （2）协助诊断伸缩系统噪声故障
		3-1-2 能协助诊断起重机重大技术难题	（1）协助诊断卷扬系统失速现象 （2）协助诊断卷扬系统抖动现象
		3-1-3 能判定局部金属结构局部变形	（1）检测金属结构局部变形 （2）识别金属结构局部变形
	3-2 故障处理	3-2-1 能协助排除系统振动和噪声故障	（1）协助排除伸缩系统振动故障 （2）协助排除伸缩系统噪声故障
		3-2-2 能协助排除起重机技术难题	（1）协助排除卷扬系统失速故障 （2）协助排除卷扬系统抖动故障
		3-2-3 能修复金属结构局部变形，并能分析故障原因	（1）修复金属结构局部变形 （2）检测金属结构件修复后的性能

续表

职业功能模块	培训内容	技能目标	培训细目
4. 技术革新	4-1 设备更新	4-1-1 能提出新型起重机产品质量改进建议	（1）起重机产品常见质量问题分析 （2）提出产品质量改进建议 （3）参与新产品试验验证
		4-1-2 能检测部件的使用价值，对部件实施替换和更新	（1）起重机部件检测及报废 （2）起重机部件替换及更新
		4-1-3 能根据新材料、新能源发展，创新制定设备改造方案	（1）新材料、新能源在起重机行业发展动态 （2）新材料、新能源在起重机上的改造应用
		4-1-4 能对承载后整机稳定性进行计算	（1）计算力矩 （2）计算玉强 （3）计算接地比压 （4）测量稳定性相关数据 （5）计算承载后整机稳定性
	4-2 制定转场方案和撰写技术总结	4-2-1 能根据铁路、公路、船舶等有关规定，制定起重机转场技术方案	（1）制定起重机铁路转场方案 （2）制定起重机公路转场方案 （3）制定起重机船舶转场方案 （4）制定起重机桥梁通过方案
		4-2-2 能编写设备技术总结，撰写技术论文	（1）编写设备技术总结 （2）撰写技术论文
5. 培训与管理	5-1 技术培训	5-1-1 能对汽车吊司机进行技术培训	（1）培训前准备 （2）培训实施 （3）培训评价
		5-1-2 能合作开发教学实习设备	（1）编写教学实习设备技术文件 （2）教学实习设备试验与验收
		5-1-3 能在作业中应用推广新技术、新设备、新标准	（1）新技术在起重作业中的应用 （2）新设备在起重作业中的应用 （3）新标准在起重作业中的应用
		5-1-4 能制订培训计划、编写培训总结	（1）根据学员能力水平，确定培训课程 （2）制订培训计划 （3）编写培训总结
		5-1-5 能对汽车吊司机进行系统操作指导	（1）起重作业关键技能点指导 （2）起重作业示范及操作要领讲解

续表

职业功能模块	培训内容	技能目标	培训细目
5. 培训与管理	5-2 机务管理	5-2-1 能建立与管理起重机技术档案	（1）建立起重机技术档案 （2）检查起重机技术档案
		5-2-2 能根据行业发展，制订设备更新计划	（1）设备使用收益与成本分析 （2）市场需求分析 （3）确定设备更新计划
		5-2-3 能应用信息技术、定位技术、射频技术等进行设备监控	（1）物联网应用技术 （2）起重作业的安全管理 （3）定位技术在起重机行业的应用
		5-2-4 能对大修后起重机整机性能进行检查和空载试验	（1）制定大修后起重机性能检查和试验方案 （2）大修后起重机整机性能检查和空载试验
		5-2-5 能对大修后起重机进行连续装卸作业和静、动载荷试验	（1）大修后起重机连续装卸作业试验 （2）大修后起重机静、动载荷试验

2.2 课程规范

2.2.1 职业基本素质培训课程规范

模块	课程	学习单元	课程内容	培训建议	课堂学时
1. 职业认知与职业道德	1-1 职业认知	职业认知	1）汽车吊司机工作内容	（1）方法：讲授法、讨论法 （2）重点与难点：汽车吊司机工作内容及等级划分	1
			2）汽车吊司机国家职业技能等级划分方法		
			3）起重作业在施工工程中的应用		
			4）国内外起重机发展概况		

续表

模块	课程	学习单元	课程内容	培训建议	课堂学时
1. 职业认知与职业道德	1-2 职业道德与职业守则	职业道德与职业守则	1）汽车吊司机职业道德规范	（1）方法：讲授法、案例教学法、讨论法 （2）重点与难点：汽车吊司机职业道德的养成	2
			2）汽车吊司机职业守则 ①爱岗敬业，忠于职守，文明生产 ②刻苦学习，钻研业务，奉献社会 ③团结协作，具有高度责任感和良好的团队合作精神 ④严格执行操作规程，重视安全生产，牢固树立安全质量意识		
2. 专业基础理论知识	2-1 机械基础知识	（1）机械识图基础知识	1）投影原理及三视图	（1）方法：讲授法、演示法、练习法 （2）重点与难点：三视图的识读	1
			2）基本体的三视图		
		（2）公差配合与测量基础知识	1）常用测量器具 ①测量工具的种类 ②测量器具的使用方法	（1）方法：讲授法、演示法、练习法 （2）重点：测量器具的使用方法 （3）难点：公差配合与尺寸标注识读	2
			2）公差配合与尺寸标注识读 ①公差与配合的基本概念 ②公差与配合的分类 ③尺寸标注识读		
		（3）常用金属材料基础知识	1）常用金属材料的种类与应用	（1）方法：讲授法、讨论法 （2）重点与难点：常用金属材料的种类、性能与应用	2
			2）常用金属材料的性能 ①物理性能 ②化学性能 ③力学性能 ④工艺性能		

续表

模块	课程	学习单元	课程内容	培训建议	课堂学时
2. 专业基础理论知识	2-1 机械基础知识	（4）常用非金属材料基础知识	1）常用非金属材料的种类、牌号、性能与应用 2）工程塑料的种类、性能与应用 3）橡胶种类、性能与应用	（1）方法：讲授法、演示法、讨论法 （2）重点与难点：常用非金属材料的种类、牌号、性能及应用	1
		（5）机械传动基础知识	1）机械传动常用零件的功能 2）机械传动常用部件的类型、结构、功能 3）机械传动常见机构的功能	（1）方法：讲授法、演示法、练习法、讨论法 （2）重点：机械传动类型 （3）难点：机械传动功能	4
	2-2 电工与电子基础知识	电工与电子基础知识	1）安全用电基础知识 2）交流电路和直流电路基础知识 3）低压电气基础知识 4）常用电气与电子元件识别与应用	（1）方法：讲授法、演示法、练习法、讨论法 （2）重点与难点：安全用电及常用电气与电子元件应用	4
	2-3 液压传动基础知识	液压传动基础知识	1）液压系统组成及功能 2）液压原理识图 3）常用液压元件种类及用途 4）常用工作介质的牌号、性能及应用 5）使用液压元件的注意事项	（1）方法：讲授法、演示法、练习法、讨论法 （2）重点：液压系统组成及工作原理 （3）难点：常用工作介质的牌号、性能及应用	4
	2-4 钳工基础知识	钳工基础知识	1）钳工常用设备的使用 2）钳工常用工具和量具的使用 3）钳工常用仪表的使用	（1）方法：讲授法、演示法、练习法、讨论法 （2）重点与难点：钳工常用设备、工具、量具、仪表的使用方法	2

续表

模块	课程	学习单元	课程内容	培训建议	课堂学时
3. 起重机基础知识	3-1 起重机结构	（1）认识起重机	1）起重机分类	（1）方法：讲授法、演示法、练习法、讨论法 （2）重点与难点：起重机结构及主要技术参数	2
			2）起重机结构形式		
			3）起重机主要技术参数		
		（2）认识起重机动力系统	1）动力系统组成及功能	（1）方法：讲授法、演示法 （2）重点与难点：起重机动力系统功能	2
			2）动力系统关键零部件功能		
		（3）认识起重机支腿	1）支腿的分类、结构及功能	（1）方法：讲授法、演示法、实训法 （2）重点与难点：支腿结构及功能	2
			2）支腿关键零部件功能		
		（4）认识起重机工作装置	1）起升机构认知 ①起升机构组成及功能 ②起升机构关键零部件功能	（1）方法：讲授法、实训法、讨论法 （2）重点与难点：起重机工作装置结构组成及应用	12
			2）变幅机构认知 ①变幅机构组成及功能 ②变幅机构关键零部件功能		
			3）伸缩机构认知 ①主起重伸臂、副起重伸臂组成及功能 ②伸缩机构关键零部件功能		
			4）回转机构认知 ①回转机构组成及功能 ②回转机构关键零部件功能		
		（5）认识起重机液压系统	1）液压控制系统组成与功能	（1）方法：讲授法、演示法、练习法、讨论法 （2）重点与难点：起重机液压系统组成及功能	4
			2）液压控制系统关键零部件功能		

续表

<table>
<tr><th>模块</th><th>课程</th><th>学习单元</th><th>课程内容</th><th>培训建议</th><th>课堂学时</th></tr>
<tr><td rowspan="10">3．起重机基础知识</td><td rowspan="6">3-1　起重机结构</td><td rowspan="2">（6）认识起重机电气控制系统</td><td>1）电气控制系统分类、组成及功能</td><td rowspan="2">（1）方法：讲授法、演示法、练习法、讨论法
（2）重点与难点：起重机电气控制系统组成及功能</td><td rowspan="2">4</td></tr>
<tr><td>2）电气控制系统主要元器件功能</td></tr>
<tr><td rowspan="4">（7）认识起重机安全防护装置</td><td>1）力矩限制器的功能</td><td rowspan="4">（1）方法：讲授法、演示法、练习法、讨论法
（2）重点与难点：起重机安全防护装置的功能及使用方法</td><td rowspan="4">2</td></tr>
<tr><td>2）三圈保护器的功能及使用方法</td></tr>
<tr><td>3）高度限位器的功能及使用方法</td></tr>
<tr><td>4）急停、熄火装置认知</td></tr>
<tr><td rowspan="4">3-2　起重机维护与保养</td><td rowspan="4">常规维护与保养</td><td>1）常规维护与保养的内容及意义</td><td rowspan="4">（1）方法：讲授法、演示法、练习法、讨论法
（2）重点与难点：润滑油、润滑脂的规格、性能与应用</td><td rowspan="4">2</td></tr>
<tr><td>2）润滑油、润滑脂的规格、性能与应用</td></tr>
<tr><td>3）工作介质的检查与更换</td></tr>
<tr><td>4）机构润滑
①黄油枪的使用
②作业机构润滑</td></tr>
<tr><td rowspan="7">4．安全文明生产与环境保护</td><td rowspan="7">4-1　安全文明生产</td><td rowspan="3">（1）安全操作规程</td><td>1）劳动防护用品的分类</td><td rowspan="3">（1）方法：讲授法、演示法
（2）重点与难点：安全操作意识的养成</td><td rowspan="3">2</td></tr>
<tr><td>2）劳动防护用品的穿戴规范</td></tr>
<tr><td>3）起重机安全操作规程</td></tr>
<tr><td rowspan="2">（2）通道的使用</td><td>1）起重机上、下车通道的使用</td><td rowspan="2">（1）方法：讲授法、讨论法
（2）重点与难点：通道与安全之间的关系</td><td rowspan="2">1</td></tr>
<tr><td>2）起重机维护、保养通道的使用</td></tr>
<tr><td rowspan="2">（3）起重机作业指挥信号</td><td>1）指挥信号的分类及作用</td><td rowspan="2">（1）方法：讲授法、演示法、练习法、讨论法
（2）重点与难点：指挥信号的识别及响应</td><td rowspan="2">2</td></tr>
<tr><td>2）指挥信号的识别及响应</td></tr>
</table>

续表

模块	课程	学习单元	课程内容	培训建议	课堂学时
4．安全文明生产与环境保护	4-1 安全文明生产	（4）安全警示牌的设置和撤除	1）安全警示牌的分类及作用 2）设置安全警示牌 3）撤除安全警示牌	（1）方法：讲授法、演示法、实训法 （2）重点与难点：安全警示牌的设置方法	1
		（5）登高作业的安全防护	1）登高作业安全防护规范 2）登高作业安全防护器具的使用	（1）方法：讲授法、演示法、实训法 （2）重点与难点：登高作业安全防护器具的使用	1
		（6）消防器材的使用	1）消防器材的分类及功能 2）消防器材的使用方法及技巧 3）使用消防器材进行消防演练	（1）方法：讲授法、演示法、实训法 （2）重点与难点：使用消防器材进行消防演练	1
		（7）紧急逃生与救护	1）突发情况的种类 2）紧急逃生的方法及演练 3）紧急救护的措施	（1）方法：讲授法、演示法、实训法 （2）重点与难点：紧急逃生的方法及救护措施	1
	4-2 环境保护知识	环境保护知识	1）处置蓄电池电解液 2）处置废弃油品 3）预防作业噪声污染	（1）方法：讲授法、演示法、讨论法 （2）重点与难点：环保意识的养成	1
5．相关法律、法规知识	相关法律、法规知识	相关法律、法规知识	1）《中华人民共和国道路交通安全法》相关知识 2）《特种设备安全监察条例》相关知识 3）《中华人民共和国环境保护法》相关知识 4）《中华人民共和国安全生产法》相关知识 5）《中华人民共和国消防法》相关知识 6）《中华人民共和国劳动合同法》相关知识	（1）方法：讲授法、讨论法 （2）重点：法律、法规意识的养成	1
课堂学时合计					64

2.2.2 五级 / 初级职业技能培训课程规范

<table>
<tr><th>模板</th><th>课程</th><th>学习单元</th><th>课程内容</th><th>培训建议</th><th>课堂学时</th></tr>
<tr><td rowspan="12">1. 起重机操作</td><td rowspan="8">1–1 环境识别与安全防护</td><td rowspan="4">（1）环境识别</td><td>1）识别作业空间危险因素
如高架动力线、蒸汽管线、天然气管线、水管、电话线等</td><td rowspan="4">（1）方法：讲授法、讨论法
（2）重点：起重作业危险因素种类
（3）难点：起重作业危险因素的识别</td><td rowspan="4">1</td></tr>
<tr><td>2）识别作业地面危险因素
如不平或不坚实的地面、周围建筑物、同时施工的设备、容器、树木等</td></tr>
<tr><td>3）识别常见危险品危险因素
如煤气瓶、氧气瓶、乙炔瓶等易燃易爆物料</td></tr>
<tr><td>4）识别作业天气及能见度危险因素
如大雨、大雪、大雾、雾霾、照明条件差等环境识别</td></tr>
<tr><td rowspan="4">（2）安全防护</td><td>1）作业空间的安全防护
如起重机与输电线的最小距离防护等</td><td rowspan="4">（1）方法：讲授法
（2）重点与难点：根据作业环境条件对起重作业实施安全防护</td><td rowspan="4">2</td></tr>
<tr><td>2）作业地面的安全防护
如起重作业场地要求及障碍物等</td></tr>
<tr><td>3）常见危险品的安全防护</td></tr>
<tr><td>4）作业天气及能见度的安全防护</td></tr>
<tr><td rowspan="4">1–2 作业前检查</td><td rowspan="2">（1）规则重物重量识别及重心确认</td><td>1）识别规则重物重量</td><td rowspan="2">（1）方法：讲授法、讨论法
（2）重点与难点：规则重物重量与重心的确认</td><td rowspan="2">2</td></tr>
<tr><td>2）确认规则重物重心</td></tr>
<tr><td rowspan="2">（2）检查外观及连接件</td><td>1）检查外观
①零部件无破损
②气动系统、液压系统、冷却系统、燃油系统无明显渗漏</td><td rowspan="2">（1）方法：讲授法、讨论法、演示法、实训法
（2）重点与难点：检查易见部位连接件</td><td rowspan="2">1</td></tr>
<tr><td>2）检查易见部位连接件
①连接件无明显松动
②连接状况良好（未脱落）</td></tr>
</table>

续表

模板	课程	学习单元	课程内容	培训建议	课堂学时
1. 起重机操作	1–2 作业前检查	（3）检查油、液	1）燃油的加注标准及检查方法 2）润滑油的加注标准及检查方法 3）液压油的加注标准及检查方法 4）冷却水的加注标准及检查方法	（1）方法：讲授法、讨论法、演示法、实训法 （2）重点与难点：燃油、润滑油、液压油、冷却水液位的检查及加注	1
		（4）检查承载部件	1）检查钢丝绳外观	（1）方法：讲授法、演示法、实训法 （2）重点与难点：承载部件外观及功能的检查方法	1
			2）检查吊钩功能及外观		
			3）检查滑轮组件的功能及外观		
			4）检查卷扬减速机及防脱绳装置		
		（5）检查操纵件及指示器	1）检查操纵件 ①检查电源总开关 ②检查各操作按钮 ③检查绝缘保护 ④检查各操作手柄	（1）方法：讲授法、讨论法、演示法、实训法 （2）重点：各操纵件、指示器的识别 （3）难点：操纵件及指示器工作状况的检查方法	1
			2）检查指示器 ①检查转速表 ②检查机油压力表 ③检查水温表 ④检查燃油表 ⑤检查气压表 ⑥检查各指示灯		
		（6）检查安全装置	1）检查力矩限制器 ①力矩限制器组件的检查 ②力矩限制器良好性的检查	（1）方法：讲授法、讨论法、演示法、实训法 （2）重点与难点：安全装置良好性、安全性的检查方法	2
			2）检查运动限制器 ①高度限位器功能检查 ②三圈保护器功能检查		
		（7）检查警示标识及消防器材	1）警示标识的配置要求及使用规范	（1）方法：讲授法、演示法、讨论法 （2）重点：警示标识及消防器材的配置要求 （3）难点：警示标识及消防器材的使用规范	1
			2）消防器材的配置要求及使用规范		

续表

模板	课程	学习单元	课程内容	培训建议	课堂学时
1. 起重机操作	1–2 作业前检查	（8）规范填写记录本	1）记录本的格式	（1）方法：讲授法、练习法 （2）重点与难点：记录本的规范填写	1
			2）记录本的填写要求		
			3）记录本的更改要求		
	1–3 作业中操作	（1）识读性能图表	1）额定起重量图表的类别	（1）方法：讲授法、演示法 （2）重点与难点：额定起重量图表的识读方法	1
			2）识读额定起重量图表 包括额定起重量、工作幅度、载荷质量、起重臂结构等		
		（2）使用吊具	1）常用吊具的种类	（1）方法：讲授法、演示法、实训法 （2）重点与难点：吊具的规范使用	1
			2）常用吊具的使用方法及注意事项		
		（3）起动起重机	1）按规定上、下车	（1）方法：讲授法、讨论法、演示法、实训法 （2）重点与难点：起重机起动的程序	2
			2）起重机常温起动程序		
			3）起重机低温起动程序		
		（4）操作取力装置	1）取力器的功能	（1）方法：讲授法、演示法、实训法 （2）重点与难点：取力器操作方法及注意事项	1
			2）取力器操作方法及注意事项		
		（5）操作起重机支腿	1）操作支腿盘	（1）方法：讲授法、演示法、实训法 （2）重点：水平支腿和垂直支腿的操作方法 （3）难点：起重机的水平调整	2
			2）操作水平支腿和垂直支腿		
			3）操作支腿销		
			4）水平仪的作用及识读方法		
			5）整机的水平调整		

续表

模板	课程	学习单元	课程内容	培训建议	课堂学时
1. 起重机操作	1–3 作业中操作	（6）操作工作装置	1）操作起升机构 2）操作变幅机构 3）操作伸缩机构 4）操作回转机构	（1）方法：讲授法、演示法、实训法 （2）重点与难点：工作装置的安全操作方法	16
		（7）规则重物起重作业	1）起重作业的程序和方法 ①挂吊钩 ②重物离地 ③空中转运 ④重物下落 2）起重作业的注意事项	（1）方法：讲授法、演示法、实训法 （2）重点与难点：起重作业的程序和方法	16
	1–4 收车及交接	收车及交接	1）各工作装置的收车规范 2）停机收车操作 3）收车注意事项 4）工作日志的填写要求 5）交接班的程序和要求	（1）方法：讲授法、演示法、实训法 （2）重点：停机收车操作 （3）难点：各工作装置的规范收车	2
2. 起重机维护与保养	2–1 检查与维护	（1）电气部分的日常检查与更换	1）易损坏电气元件类别 如熔断器、照明灯泡、继电器、按钮开关等 2）易损坏电气元件日常检查与更换方法	（1）方法：讲授法、演示法、实训法 （2）重点与难点：易损坏电气元件日常检查与更换方法	2
		（2）操纵室的检查与调整	1）检查与调整紧固元件 2）检查与调整窗、门锁开关 3）检查与调整刮水器	（1）方法：讲授法、演示法、实训法 （2）重点与难点：简单机械元件日常检查与调整方法	1
		（3）液压部分的日常检查与更换	1）液压管路漏油的检查与处理 2）管夹松动的检查与更换 3）管路的检查与更换 ①管路老化 ②管路扭曲 ③管路损坏	（1）方法：讲授法、演示法、实训法 （2）重点与难点：简单液压管路日常检查与更换方法	2

续表

模板	课程	学习单元	课程内容	培训建议	课堂学时
2. 起重机维护与保养	2-2 设备保养	（1）机构润滑保养	1）机构润滑保养的位置 ①齿轮、轴承 ②回转支承、机构各铰点轴 ③钢丝绳、滑轮、支腿、伸缩臂各滑块及滑道表面 ④转向节、转向摇臂、转向拉杆等铰点	（1）方法：讲授法、演示法、实训法 （2）重点与难点：润滑保养位置的确定及润滑保养方法	4
			2）机构润滑保养方法		
		（2）更换液压油	1）确认液压油箱在整机上的位置	（1）方法：讲授法、实训法、演示法 （2）重点与难点：液压油的更换方法	1
			2）液压油的更换方法及注意事项		
课堂学时合计					64

2.2.3 四级 / 中级职业技能培训课程规范

模块	课程	学习单元	课程内容	培训建议	课堂学时
1. 起重机操作	1-1 环境识别与安全防护	（1）环境识别	1）识别地面工程结构危险因素	（1）方法：讲授法 （2）重点与难点：起重作业危险因素的识别	1
			2）识别空中设施危险因素 如无线电、电磁信号等环境干扰		
			3）识别危险化学品、腐蚀性物品等危险因素		
			4）识别恶劣气候环境等危险因素		
		（2）安全防护	1）地面工程结构的安全防护 ①斜坡及沟渠处作业 ②地面工程结构认知	（1）方法：讲授法、演示法、讨论法 （2）重点与难点：根据起重作业环境条件对起重作业实施安全防护	2
			2）空中设施的安全防护 ①发射塔附近作业危险 ②高频射线的危险 ③意外触碰架空电线		
			3）危险化学品、腐蚀性物品的安全防护		
			4）恶劣气候环境下作业的安全防护 ①强风下作业的安全防护 ②地震、冰雪、火灾、水灾等环境下起重作业的安全防护		

续表

模块	课程	学习单元	课程内容	培训建议	课堂学时
1. 起重机操作	1-2 作业前检查	（1）检查结构件外观	1）结构件外观变形、损伤、锈蚀、开焊的危害性的认知 2）结构件外观变形、损伤、锈蚀、开焊的检查	（1）方法：讲授法、演示法、讨论法 （2）重点与难点：结构件外观检查方法	1
		（2）选择吊具、索具	1）吊具、索具承载能力的辨识 2）根据重物特点合理，选择吊具、索具	（1）方法：讲授法、演示法、讨论法 （2）重点与难点：吊具、索具与重物匹配的判断	1
		（3）检查取力装置	1）取力装置的工作原理 2）取力啮合状况的检查与判断	（1）方法：讲授法、演示法、实训法 （2）重点与难点：取力装置运行状态的检查方法	2
		（4）检查回转机构	1）检查回转制动器制动性能 2）检查齿轮油油量 3）检查齿轮箱外观 4）检查回转减速器与回转支承的啮合	（1）方法：讲授法、演示法、实训法 （2）重点与难点：回转机构运行状态的检查方法	2
		（5）检查变幅机构	1）检查变幅油缸外观 ①检查变幅油缸工作状况 ②检查管路及接头状况 2）检查变幅机构铰点 ①检查铰点轴挡板状况 ②检查铰点异响状况	（1）方法：讲授法、演示法、实训法 （2）重点：变幅机构运行状态的检查方法	1
		（6）检查起重臂机构	1）检查起重臂 ①起重臂尾部与转台连接件的检查 ②起重臂运动表面磨损情况的检查 ③铰点异响的检查 ④起重臂臂头滑块间隙的检查 2）检查起重臂伸缩机构 ①起重臂伸缩油缸动作状态的检查 ②起重臂伸缩油缸渗、漏油情况的检查 ③起重臂伸缩油缸油管接头的检查 ④起重臂拉索的检查	（1）方法：讲授法、演示法、实训法 （2）重点与难点：起重臂伸缩机构运行状态的检查方法	4

续表

模块	课程	学习单元	课程内容	培训建议	课堂学时
1. 起重机操作	1–2 作业前检查	(7) 检查起升机构	1) 检查卷扬制动器制动性能	(1) 方法: 讲授法、演示法、实训法 (2) 重点与难点: 起升机构运行状态的检查方法	4
			2) 检查起升机构减速机 ①起升机构卷扬的检查 ②齿轮油油量的检查 ③卷扬钢丝绳缠绕状态的检查		
			3) 检查吊钩 ①吊钩外观尺寸及变形量的检查 ②吊钩横梁摆动情况的检查 ③吊钩与横梁之间连接情况的检查 ④吊钩防脱器变形情况的检查 ⑤吊钩滑轮回转情况的检查 ⑥滑轮支架和护罩的检查		
			4) 检查钢丝绳固定装置 ①钢丝绳绳套楔子位置的检查 ②钢丝绳和绳套连接情况的检查 ③钢丝绳绳套轴销和锁套的检查 ④卷扬机构钢丝绳绳套轴销和锁套的检查		
	1–3 作业中操作	(1) 选择起重作业位置	1) 确认起重机回转中心	(1) 方法: 讲授法、演示法 (2) 重点与难点: 起重作业位置的选择方法	2
			2) 检查起重臂起落及回转半径内障碍		
			3) 根据回转中心选择起重作业位置		
		(2) 使用力矩限制器	1) 力矩限制器功能查询	(1) 方法: 讲授法、演示法、实训法 (2) 重点: 力矩限制器功能查询方法 (3) 难点: 使用力矩限制器进行作业参数设置	2
			2) 使用力矩限制器进行作业参数设置		
		(3) 调整钢丝绳倍率	1) 起重量与钢丝绳倍率的关系	(1) 方法: 讲授法、演示法、实训法 (2) 重点: 钢丝绳倍率调整 (3) 难点: 钢丝绳倍率的设定方法	3
			2) 起重臂臂长、起升高度与钢丝绳倍率的关系		
			3) 钢丝绳与楔套的安装方法及注意事项		
			4) 钢丝绳倍率调整训练		

续表

模块	课程	学习单元	课程内容	培训建议	课堂学时
1. 起重机操作	1-3 作业中操作	（4）安装副起重臂、副钩	1）连接副起重臂与主起重臂	（1）方法：讲授法、演示法、实训法 （2）重点与难点：副起重臂、副钩的安装与调整方法	3
			2）调整副起重臂角度		
			3）安装及使用副钩		
		（5）安装平衡重	1）平衡重安装顺序	（1）方法：讲授法、演示法、实训法 （2）重点：平衡重挂接操作 （3）难点：平衡重安装顺序	3
			2）平衡重底座的定位与调整		
			3）平衡重挂接操作		
			4）平衡重的固定		
		（6）复合动作起重作业	1）复合动作的操作训练 ①伸缩和起升 ②回转和起升 ③变幅和起升	（1）方法：讲授法、演示法、实训法 （2）重点与难点：复合动作的操作方法	8
			2）复合动作操作的注意事项		
		（7）拆垛、堆垛起重作业	1）拆垛、堆垛起重作业操作方法	（1）方法：讲授法、演示法、实训法 （2）重点与难点：拆垛、堆垛起重作业操作方法	8
			2）拆垛、堆垛起重作业注意事项		
	1-4 作业后检查	检查作业后起重机外观	1）检查结构件外观损伤	（1）方法：讲授法、讨论法 （2）重点与难点：起重作业后外观检查方法	1
			2）检查漏油、漏水、漏气情况		
2. 起重机维护与保养	2-1 检查与维护	（1）机械部分的日常检查与调整	1）主承载件的检查与调整 如起升机构、变幅机构、伸缩机构、回转机构、支腿机构的连接销轴、连接板等螺栓	（1）方法：讲授法、演示法、实训法 （2）重点与难点：关键连接位置螺栓扭矩的检查与调整方法	4
			2）安全装置的检查与调整 如制动器、吊钩轴端固定装置及闭锁防松装置的固定销轴、连接板螺栓等		
			3）关键零部件紧固螺栓扭矩的检查与调整 如起升减速机、回转减速机、回转支承、变幅油缸、阀、中心回转体、平衡重等		

续表

<table>
<tr><th>模块</th><th>课程</th><th>学习单元</th><th>课程内容</th><th>培训建议</th><th>课堂学时</th></tr>
<tr><td rowspan="10">2. 起重机维护与保养</td><td rowspan="6">2-1 检查与维护</td><td rowspan="3">（2）电气部分的日常检查与更换</td><td>1）检查与更换蓄电池
①蓄电池亏电的检查
②更换蓄电池方法
③电路连接方法及注意事项
④搭接蓄电池起动方法及注意事项</td><td rowspan="3">（1）方法：讲授法、演示法、实训法
（2）重点与难点：简单电气元件日常检查与更换方法</td><td rowspan="3">2</td></tr>
<tr><td>2）检查与更换绝缘电气线路
如绝缘保护破损、龟裂、烧焦等</td></tr>
<tr><td>3）检查与更换电源总开关</td></tr>
<tr><td rowspan="3">（3）调整伸缩臂钢丝绳松紧度</td><td>1）调整伸缩臂钢丝绳松紧度的标准</td><td rowspan="3">（1）方法：讲授法、演示法、实训法
（2）重点与难点：调整伸缩臂钢丝绳松紧度的方法</td><td rowspan="3">2</td></tr>
<tr><td>2）调整伸缩臂钢丝绳松紧度的方法</td></tr>
<tr><td>3）调整伸缩臂钢丝绳松紧度的注意事项</td></tr>
<tr><td rowspan="6">2-2 设备保养</td><td rowspan="2">（1）液压油箱及滤清器的保养</td><td>1）液压油箱的清理</td><td rowspan="2">（1）方法：讲授法、演示法、实训法
（2）重点与难点：液压油箱及滤清器的保养方法</td><td rowspan="2">2</td></tr>
<tr><td>2）液压系统吸油、回油滤清器的清理或更换</td></tr>
<tr><td rowspan="2">（2）发动机滤清器的保养</td><td>1）更换发动机滤清器
①更换机油
②更换滤清器</td><td rowspan="2">（1）方法：讲授法、演示法、实训法
（2）重点与难点：燃油滤清器的保养方法</td><td rowspan="2">2</td></tr>
<tr><td>2）清理与更换燃油滤清器</td></tr>
<tr><td rowspan="2">（3）减速器的保养</td><td>1）检查减速器运转状况
如有无异常振动、漏油等</td><td rowspan="2">（1）方法：讲授法、演示法
（2）重点与难点：减速器的保养方法</td><td rowspan="2">2</td></tr>
<tr><td>2）添加或更换减速器润滑油</td></tr>
</table>

续表

<table>
<tr><th>模块</th><th>课程</th><th>学习单元</th><th>课程内容</th><th>培训建议</th><th>课堂学时</th></tr>
<tr><td rowspan="12">3. 起重机故障识别与处理</td><td rowspan="2">3-1 识别与处理轻微机械故障</td><td rowspan="2">识别与处理轻微机械故障</td><td>1）轻微机械故障的种类
①操纵装置失灵
②运动部件卡滞
③水平仪失效
④滑轮卡滞、异响
⑤压绳器不起作用</td><td rowspan="2">（1）方法：讲授法、演示法、实训法
（2）重点与难点：轻微机械故障的识别与处理方法</td><td rowspan="2">2</td></tr>
<tr><td>2）轻微机械故障识别及处理
①操纵装置操作失灵的识别与处理
②运动部件卡滞的识别与处理
③水平仪失效的识别与处理
④滑轮卡滞、异响的识别与处理
⑤压绳器不起作用的识别与处理</td></tr>
<tr><td rowspan="5">3-2 识别与处理工作装置故障</td><td rowspan="2">（1）识别与处理支腿系统故障</td><td>1）支腿安装故障的识别与处理
如水平支腿下挠故障等</td><td rowspan="2">（1）方法：讲授法、演示法、实训法
（2）重点与难点：支腿系统故障识别与处理方法</td><td rowspan="2">2</td></tr>
<tr><td>2）支腿液压操作故障的识别与处理
如垂直油缸自动缩回或伸出故障等</td></tr>
<tr><td rowspan="3">（2）识别上车工作装置故障</td><td>1）起重臂故障识别
如不能伸出、缩回等</td><td rowspan="3">（1）方法：讲授法、演示法、实训法
（2）重点与难点：工作装置的故障识别与处理方法</td><td rowspan="3">2</td></tr>
<tr><td>2）变幅故障识别
如自动下降等</td></tr>
<tr><td>3）伸缩机构故障识别
如阻力大、伸出困难等</td></tr>
<tr><td rowspan="5">3-3 识别与处理安全装置及液压、电气元件故障</td><td rowspan="5">（1）识别与处理安全装置电气系统轻微故障</td><td>1）高度限位器失灵的故障识别与处理</td><td rowspan="5">（1）方法：讲授法、演示法、实训法
（2）重点与难点：电气系统故障识别与处理方法</td><td rowspan="5">2</td></tr>
<tr><td>2）三圈保护器失效的故障识别与处理</td></tr>
<tr><td>3）电源指示灯异常的故障识别与处理</td></tr>
<tr><td>4）三色警灯失效故障识别与处理</td></tr>
<tr><td>5）仪表盘故障指示的故障识别与处理</td></tr>
</table>

<table>
<tr><td rowspan="2"></td><td rowspan="2">3-3 识别与处理安全装置及液压、电气元件故障</td><td rowspan="2">（2）识别与处理简单液压元件轻微故障</td><td>1）简单液压故障的种类
①液压管路渗油、漏油
②液压元件渗油、漏油
③压力表失灵</td><td rowspan="2">（1）方法：讲授法、演示法、实训法
（2）重点与难点：液压管路故障的排除方法</td><td rowspan="2">2</td></tr>
<tr><td>2）简单液压故障的排除
①液压管路渗油、漏油
②液压元件渗油、漏油
③压力表失灵</td></tr>
<tr><td colspan="5">课堂学时合计</td><td>72</td></tr>
</table>

2.2.4 三级/高级职业技能培训课程规范

<table>
<tr><th>模块</th><th>课程</th><th>学习单元</th><th>课程内容</th><th>培训建议</th><th>培训学时</th></tr>
<tr><td rowspan="8">1. 起重机操作</td><td rowspan="8">1-1 环境识别与安全防护</td><td rowspan="4">（1）环境识别</td><td>1）识别地面环境危险因素
①识别地面地质条件
②识别地面支撑能力</td><td rowspan="4">（1）方法：讲授法
（2）重点与难点：起重作业危险因素的识别</td><td rowspan="4">2</td></tr>
<tr><td>2）识别特殊场所危险因素
①空港、飞机、铁路、易燃易爆场所等作业环境识别
②识别影响视线的地面障碍物（无法直接观察被吊装重物的起重作业）</td></tr>
<tr><td>3）识别气候环境危险因素
如强风气候条件下的起重作业</td></tr>
<tr><td>4）识别现场人员危险因素
①配合起重作业人员的选择和资格要求
②其他外来人员、急救人员等出现在起重作业非安全区域，预防急救人员未到达现场等</td></tr>
<tr><td rowspan="4">（2）安全防护</td><td>1）地面环境安全防护
地面和支腿承载力计算（按厂家提供的操作说明书中的公式计算）</td><td rowspan="4">（1）方法：讲授法、演示法、讨论法
（2）重点与难点：根据起重作业环境条件实施安全防护</td><td rowspan="4">4</td></tr>
<tr><td>2）特殊场所的安全防护
①特殊场所（空港/飞机、铁路、易燃易爆场所等）起重作业管理规定
②影响视线的地面障碍物操作防护（无法直接观察被吊装重物的起重作业）</td></tr>
<tr><td>3）气候环境的安全防护
①物象风速表的使用
②风速、风压的计算（按厂家提供的操作说明书公式计算）</td></tr>
<tr><td>4）现场人员的安全防护</td></tr>
</table>

续表

模块	课程	学习单元	课程内容	培训建议	培训学时
1. 起重机操作	1–2 作业前检查	（1）检查力矩限制器等安全装置	1）力矩限制器的结构原理	（1）方法：讲授法、演示法、实训法 （2）重点：力矩限制器传感器的检查方法 （3）难点：了解力矩限制器的工作原理	4
			2）检查传感器功能 ①检查长度传感器功能 ②检查角度传感器功能 ③检查压力传感器功能		
		（2）检查钢丝绳	1）钢丝绳报废标准	（1）方法：讲授法、演示法、实训法 （2）重点与难点：掌握钢丝绳报废标准	2
			2）检测钢丝绳直径		
			3）检查钢丝绳磨损情况		
		（3）检查单缸插销式伸缩机构	1）单缸插销式伸缩机构组成与工作原理	（1）方法：讲授法、演示法、实训法 （2）重点：单缸插销式伸缩机构的检查方法 （3）难点：掌握单缸插销式伸缩机构组成与工作原理	8
			2）伸缩油缸轨道润滑情况的检查		
			3）伸缩油缸轨道滑块的检查		
			4）伸缩油缸缸销、臂销开关检测位置的检查		
			5）臂销螺栓防松装置的检查		
			6）伸缩油缸缸销、臂销运动的检查		
			7）起重臂滑块的检查		
			8）起重臂对中装置的检查		
		（4）检查动力传动装置	1）动力传动装置关键零部件组成与功能	（1）方法：讲授法、演示法、实训法 （2）重点：动力传动装置关键零部件的检查方法 （3）难点：动力传动装置关键零部件组成与功能	4
			2）检查发动机油位		
			3）检查分动箱		
			4）检查空滤器		
			5）检查及清理散热器		
			6）检查动力传动装置连接的可靠性		

续表

模块	课程	学习单元	课程内容	培训建议	培训学时
1. 起重机操作	1–2 作业前检查	（5）检查辅助装置	1）平衡重结构组成	（1）方法：讲授法、演示法、实训法 （2）重点与难点：辅助装置结构组成及空载动作检查	2
			2）检查平衡重油缸固定挂接点		
			3）检查平衡重油缸空载动作		
			4）检查操纵室翻转动作		
			5）检查操纵室翻转油缸固定点		
			6）检查回转机构液压锁止装置动作		
	1–3 作业中操作	（1）单缸插销式起重机空载操作	1）选择单缸插销式起重机起重作业工况 ①识读不同伸臂、不同平衡重组合额定起重量图表 ②根据起重作业需求，选择使用额定起重量图表 ③设置起重作业工况	（1）方法：讲授法、演示法、实训法 （2）重点：单缸插销式起重机手动及自动操作方法 （3）难点：伸臂组合技术参数及额定起重量图表的识读	8
			2）单缸插销式起重机空载操作 ①手动缸销的操作 ②手动臂销的操作 ③单缸插销式起重臂臂位的寻位操作 ④单缸插销式起重臂自动操作		
		（2）拆装及操作辅助装置	1）平衡重（油缸在平衡重组件上）的安装、拆卸	（1）方法：讲授法、演示法、实训法 （2）重点与难点：起重机辅助装置的拆装方法	8
			2）多节副臂的安装、拆卸		
			3）副起升机构的安装、拆卸及起重作业		
			4）辅助装置安装、拆卸注意事项		

续表

模块	课程	学习单元	课程内容	培训建议	培训学时
1. 起重机操作	1-3 作业中操作	(3) 特殊重物起重作业	1）识读重物安装图及施工设计方案	(1) 方法：讲授法、演示法、讨论法、实训法 (2) 重点：形状不规则重物起重作业操作方法 (3) 难点：形状不规则重物起重作业方案的编制	16
			2）编制简单起重作业方案		
			3）专用吊具、索具的性能参数选择及其使用		
			4）确认形状不规则重物重心		
			5）形状不规则重物起重作业注意事项		
			6）水平或垂直表面较大重物的起重作业		
			7）长且柔性重物起重作业		
			8）重心不稳定重物起重作业		
		(4) 遥控操作起重作业	1）遥控器的结构及工作原理	(1) 方法：讲授法、演示法、讨论法、实训法 (2) 重点：遥控器的操作 (3) 难点：遥控器的结构及功能	2
			2）遥控器的充电或更换电池		
			3）遥控器的分类操作		
			4）遥控器的复合动作操作		
			5）遥控操作的安全注意事项		
			6）遥控器失效及应急处理		
			7）遥控器的关闭及存放		
		(5) 两台起重机配合进行辅助作业	1）识别起重作业旗语信号	(1) 方法：讲授法、演示法、讨论法、实训法 (2) 重点：配合起吊同一重物辅助作业操作方法 (3) 难点：识别起重作业旗语信号	4
			2）配合起吊同一重物的安全防范措施		
			3）辅助起重作业任务的确认及同步操作		
			4）配合起吊同一重物的注意事项		

续表

模块	课程	学习单元	课程内容	培训建议	培训学时
2. 维护与保养	2-1 检查与维护	（1）检查与调整动力传动装置	1）检查与调整发动机主连接螺栓拧紧力矩	（1）方法：讲授法、演示法、实训法 （2）重点：动力传动装置连接螺栓拧紧力矩的检查与调整方法 （3）难点：动力传动装置连接螺栓拧紧力矩要求	2
			2）检查与调整分动箱和发动机连接处螺栓拧紧力矩		
			3）检查与调整减速器连接螺栓拧紧扭矩		
		（2）调整起重臂	1）调整起重臂滑块间隙	（1）方法：讲授法、演示法、实训法 （2）重点：伸缩机构的检查与调整方法 （3）难点：臂销螺栓拔插行程、伸缩油缸缸销和臂销检测开关间隙的检查与调整方法	8
			2）调整臂销螺栓拔插行程		
			3）调整伸缩油缸缸销、臂销检测开关间隙		
			4）调整伸缩油缸与起重臂滑道间隙		
			5）调整起重臂对中装置		
		（3）检查与调整辅助元件	1）调整操纵室装置运动速度	（1）方法：讲授法、演示法、实训法 （2）重点：辅助元件的检查与调整方法 （3）难点：辅助元件检查标准的把握	4
			2）调整平衡重油缸起升、下降的同步性		
			3）调整副起重臂的安装误差		
	2-2 设备保养	（1）检查油品质量	1）油品常规检查方法和要求	（1）方法：讲授法、讨论法 （2）重点与难点：油品质量检查方法和要求	2
			2）油品变质、污染等的检查		

续表

模块	课程	学习单元	课程内容	培训建议	培训学时
2. 维护与保养	2–2 设备保养	（2）集中润滑系统	1）集中润滑系统结构 2）选择与加注集中润滑系统油品 3）集中润滑系统时间设定 4）集中润滑系统管路清洁	（1）方法：讲授法、演示法、实训法 （2）重点与难点：集中润滑系统保养方法 （3）难点：集中润滑系统结构及工作原理	2
3. 起重机故障识别与处理	3–1 故障识别	（1）识别工作装置故障	1）回转抖动故障的识别 2）卷扬制动器失效识别 3）卷扬减速机乱绳现象识别 4）回转制动器失效识别 5）变幅抖动故障的识别 6）回转支承异常识别	（1）方法：讲授法、讨论法、案例教学法 （2）重点与难点：工作装置一般故障识别方法	8
		（2）识别单缸插销式起重臂故障	1）识别缸销或臂销无法正常插拔的故障 2）识别伸缩缸无法找到臂位的故障	（1）方法：讲授法、讨论法、案例教学法 （2）重点与难点：单缸插销式起重臂绅缩故障识别方法	4
		（3）识别上车电气系统故障识别	1）常用电气测量工具的使用 2）识别操作手柄（电气）失灵故障 3）根据力矩限制器系统故障显示识别故障	（1）方法：讲授法、实物示教法、案例教学法 （2）重点与难点：上车电气系统故障识别方法	8
	3–2 故障处理	（1）处理机械元件一般故障	1）处理滑轮工作异常故障 2）处理托辊工作异常故障 3）处理吊钩磨损故障	（1）方法：讲授法、讨论法、案例教学法 （2）重点与难点：机械元件一般故障的处理方法	3

续表

<table>
<tr><th>模块</th><th>课程</th><th>学习单元</th><th>课程内容</th><th>培训建议</th><th>培训学时</th></tr>
<tr><td rowspan="6">3. 起重机故障识别与处理</td><td rowspan="6">3–2 故障处理</td><td rowspan="3">（2）处理液压元件一般故障</td><td>1）常用液压测量工具的使用方法</td><td rowspan="3">（1）方法：讲授法、实物示教法、案例教学法
（2）重点与难点：液压元件一般故障的处理方法</td><td rowspan="3">4</td></tr>
<tr><td>2）处理液压缸、液压锁内泄故障</td></tr>
<tr><td>3）处理液压缸、液压锁卡滞故障</td></tr>
<tr><td rowspan="3">（3）处理电气元件一般故障</td><td>1）处理传感器无信号故障</td><td rowspan="3">（1）方法：讲授法、案例教学法
（2）重点与难点：电气元件一般故障的处理方法</td><td rowspan="3">3</td></tr>
<tr><td>2）处理接近开关、运动限制器零部件故障</td></tr>
<tr><td>3）处理电磁阀工作异常故障</td></tr>
<tr><td colspan="5">课堂学时合计</td><td>112</td></tr>
</table>

2.2.5 二级 / 技师职业技能培训课程规范

<table>
<tr><th>模块</th><th>课程</th><th>学习单元</th><th>课程内容</th><th>培训建议</th><th>培训学时</th></tr>
<tr><td rowspan="6">1. 起重机操作</td><td rowspan="6">1–1 作业前检查</td><td rowspan="3">（1）检查超起装置</td><td>1）检查超起装置的连接部件及结构件</td><td rowspan="3">（1）方法：讲授法、演示法、练习法
（2）重点：超起安全防护装置的检查
（3）难点：超起装置作业工况的设置及确认</td><td rowspan="3">2</td></tr>
<tr><td>2）检查超起装置的电气元件及安全防护装置</td></tr>
<tr><td>3）设置及确认超起装置作业工况</td></tr>
<tr><td rowspan="3">（2）检查变幅副臂装置</td><td>1）检查变幅副臂装置的连接部件及结构件</td><td rowspan="3">（1）方法：讲授法、演示法、案例教学法
（2）重点：变幅副臂安全防护装置的检查方法
（3）难点：变幅副臂装置作业工况的设置及确认</td><td rowspan="3">2</td></tr>
<tr><td>2）检查变幅副臂装置的电气元件及安全防护装置</td></tr>
<tr><td>3）设置及确认变幅副臂装置作业工况</td></tr>
</table>

续表

模块	课程	学习单元	课程内容	培训建议	培训学时
1. 起重机操作	1–2 作业中操作	（1）超起装置的安装与调试	1）超起装置的结构及工作原理	（1）方法：讲授法、演示法、观摩法 （2）重点：超起装置的安装及调试方法 （3）难点：超起装置的结构及工作原理	8
			2）安装超起装置 ①安装内容 ②安装方法		
			3）调试超起装置 ①调试步骤 ②调试方法		
		（2）变幅副臂装置的安装与调试	1）变幅副臂装置的结构及工作原理	（1）方法：讲授法、演示法、观摩法 （2）重点：变幅副臂装置的安装及调试 （3）难点：变幅副臂装置的结构及工作原理	8
			2）安装变幅副臂装置 ①安装内容 ②安装方法		
			3）调试变幅副臂装置 ①调试步骤 ②调试方法		
		（3）带超起、变幅副臂装置的起重机起重作业	1）主起重臂的起重作业 ①主起重臂的变幅操作 ②主起重臂的伸缩操作 ③主起重臂的起升作业 ④主起重臂的回转作业	（1）方法：讲授法、演示法、观摩法 （2）重点：主起重臂的起重作业 （3）难点：带超起、变幅副臂装置起重机的起重作业	12
			2）带超起、变幅副臂装置的起重作业 ①带超起装置的起重作业 ②带变幅副臂装置的起重作业		
		（4）两台起重机配合起重作业主操作	1）确定重心及起重量分配	（1）方法：讲授法、讨论法、项目教学法 （2）重点：同步操作的控制 （3）难点：起重作业异常的应急处理	4
			2）起重任务的确认及同步操作的控制		
			3）起重作业异常的应急处理		

续表

模块	课程	学习单元	课程内容	培训建议	培训学时
1. 起重机操作	1–2 作业中操作	(5) 全地面起重机带载行驶	1) 底盘操作内容及方法	(1) 方法：讲授法、演示法、观摩法 (2) 重点：带载行驶注意事项 (3) 难点：带载行驶应急处理措施	2
			2) 带载行驶注意事项		
			3) 带载行驶应急处理措施		
2. 起重机维护与保养	2–1 检查与维护	(1) 调整压力和电流参数	1) 调整压力参数	(1) 方法：讲授法、演示法、练习法 (2) 重点与难点：压力和电流参数的调整方法	2
			2) 调整电流参数		
		(2) 调整起重臂、支腿滑块的间隙	1) 起重臂间隙的测量与调整 ①起重臂间隙的测量 ②起重臂间隙的调整	(1) 方法：讲授法、演示法、练习法 (2) 重点：起重臂、支腿滑块间隙调整方法 (3) 难点：起重臂、支腿滑块间隙测量方法	2
			2) 支腿滑块间隙的测量与调整 ①支腿滑块间隙的测量 ②支腿滑块间隙的调整		
		(3) 测量与调整回转啮合间隙	1) 回转啮合间隙的标准	(1) 方法：讲授法、演示法、实训法 (2) 重点与难点：回转啮合间隙的检查与调整方法	4
			2) 回转啮合间隙的测量方法		
			3) 回转啮合间隙的调整方法		
	2–2 设备保养	(1) 金属结构防锈、防腐	1) 制定金属结构维护保养方案	(1) 方法：讲授法、演示法、练习法 (2) 重点：制定金属结构防锈、防腐方案 (3) 难点：金属结构维护保养技术	2
			2) 金属结构防锈措施		
			3) 金属结构防腐措施		

续表

模块	课程	学习单元	课程内容	培训建议	培训学时
2. 起重机维护与保养	2–2 设备保养	（2）关键部件保养	1）超起装置的日常保养	（1）方法：讲授法、演示法、实训法 （2）重点与难点：超起、变幅副臂装置的日常保养方法	2
			2）变幅副臂装置的日常保养		
3. 起重机故障识别与处理	3–1 故障识别	（1）识别液压元件运行状态	1）液压泵、液压马达和液压阀的结构及工作原理	（1）方法：讲授法、演示法 （2）重点：液压泵、液压马达运行状态识别方法 （3）难点：液压阀工作状态识别方法	2
			2）识别液压泵运行状态		
			3）识别液压马达运行状态		
			4）识别液压阀工作状态		
		（2）动力系统一般故障识别及故障分析报告编写	1）动力系统一般故障现象确认及原因分析 ①动力系统零部件的工作原理 ②故障现象确认 ③故障原因调查 ④故障原因分析	（1）方法：讲授法、演示法、练习法 （2）重点：编写动力系统故障分析报告 （3）难点：动力系统故障现象确认及原因分析	4
			2）编写动力系统一般故障分析报告 ①故障发生经过 ②故障原因分析 ③故障原因分类 ④预防措施		
		（3）检查电气控制系统状态	1）检查控制器工作状态	（1）方法：讲授法、演示法 （2）重点：控制器工作状态检查 （3）难点：力矩限制器组成元件工作状态检查	2
			2）检查力矩限制器组成元件的工作状态 ①检查长度传感器工作状态 ②检查压力传感器工作状态 ③检查角度传感器工作状态		

续表

模块	课程	学习单元	课程内容	培训建议	培训学时
3. 起重机故障识别与处理	3-2 故障处理	(1) 识读液压、电气原理图	1) 液压元件工作原理及图形符号	(1) 方法：讲授法、演示法、练习法、讨论法 (2) 重点与难点：起重机液压、电气原理图的识读方法	4
			2) 电气元件工作原理及图形符号		
			3) 根据起重机液压、电气原理图分析故障的步骤和方法		
		(2) 处理油温过高故障	1) 油温过高故障现象确认	(1) 方法：讲授法、案例教学法、讨论法 (2) 重点：油温过高故障原因分析 (3) 难点：油温过高故障处理	4
			2) 油温过高故障原因调查		
			3) 油温过高故障原因分析		
			4) 油温过高故障处理步骤和方法		
		(3) 处理系统液压冲击故障	1) 液压冲击故障现象确认	(1) 方法：讲授法、案例教学法、讨论法 (2) 重点：系统液压冲击故障原因分析 (3) 难点：系统液压冲击故障处理	2
			2) 液压冲击故障原因调查		
			3) 液压冲击故障原因分析		
			4) 液压冲击故障处理步骤和方法		
		(4) 分析处理常见疑难故障	1) 起重机常见疑难故障类型 ①整机无动作 ②压力不稳定	(1) 方法：讲授法、案例教学法、讨论法、项目教学法 (2) 重点与难点：常见疑难故障处理	2
			2) 起重机常见疑难故障原因分析		
			3) 起重机常见疑难故障处理方法		
			4) 编写故障分析报告		

续表

<table>
<tr><th>模块</th><th>课程</th><th>学习单元</th><th>课程内容</th><th>培训建议</th><th>培训学时</th></tr>
<tr><td rowspan="11">4. 技术革新</td><td rowspan="5">4-1 新机试验及老机评估</td><td rowspan="3">（1）新机试验</td><td>1）新机作业性能试验
①基本臂性能试验
②中长臂性能试验
③最长主臂性能试验
④主臂仰角 50° 臂性能试验
⑤副臂性能试验</td><td rowspan="3">（1）方法：讲授法、演示法、观摩法
（2）重点：新机作业可靠性试验
（3）难点：新机液压及电气控制系统试验</td><td rowspan="3">4</td></tr>
<tr><td>2）新机液压及电气控制系统测试</td></tr>
<tr><td>3）撰写新机试验报告</td></tr>
<tr><td rowspan="2">（2）老机评估</td><td>1）结构件疲劳强度试验</td><td rowspan="2">（1）方法：讲授法、案例教学法、讨论法
（2）重点与难点：起重作业性能评估</td><td rowspan="2">2</td></tr>
<tr><td>2）起重作业性能评估</td></tr>
<tr><td rowspan="6">4-2 起重作业方案制定及工装改进</td><td rowspan="3">（1）制定起重作业方案</td><td>1）制定起重作业工艺涵盖的要素</td><td rowspan="3">（1）方法：讲授法、案例教学法、讨论法、项目教学法、练习法
（2）重点：制定起重作业工艺
（3）难点：起重作业工艺计算</td><td rowspan="3">4</td></tr>
<tr><td>2）起重作业工艺计算
①受力分析与计算
②人力、机具需求计算</td></tr>
<tr><td>3）制定单台起重机起重作业方案</td></tr>
<tr><td rowspan="3">（2）吊具功能改造</td><td>1）重物特殊性及起重作业影响因素分析</td><td rowspan="3">（1）方法：讲授法、案例教学法、练习法、讨论法
（2）重点：适用于特殊重物的吊具功能改造
（3）难点：作业对象对起重作业影响因素分析</td><td rowspan="3">4</td></tr>
<tr><td>2）制定吊具功能改造方案</td></tr>
<tr><td>3）设备改造方案评审及风险分析</td></tr>
</table>

续表

模块	课程	学习单元	课程内容	培训建议	培训学时
5. 培训与管理	5-1 技术培训	（1）编写培训教案和制作课件	1）编写培训教案 ①确定培训目标 ②选择培训方法 ③设计培训资源 ④设计培训环节 ⑤设计培训评价	（1）方法：讲授法、案例教学法、讨论法、项目教学法、练习法 （2）重点：编写培训教案 （3）难点：制作培训课件	2
			2）培训课件制作		
		（2）起重作业培训指导	1）指导三级/高级工及以下学员起重作业	（1）方法：讲授法、案例教学法、讨论法、项目教学法、练习法 （2）重点：指导三级/高级工及以下的起重作业 （3）难点：超起、变幅副臂装置的安装指导	2
			2）超起、变幅副臂装置的安装指导		
	5-2 机务管理	（1）制订保养与维修计划	1）制订保养计划 ①保养内容 ②制订保养计划的方法	（1）方法：讲授法、案例教学法、讨论法、项目教学法、练习法 （2）重点与难点：制订保养与维修计划的方法	2
			2）制订维修计划		
		（2）制定起重机拆装、装运管理方法	1）需拆装、运输大型起重机部件的界定	（1）方法：讲授法、案例教学法、讨论法、项目教学法、练习法 （2）重点：起重机拆装、装运管理办法的编制方法 （3）难点：不同运输方式的方案确定	2
			2）集装箱装运知识		
			3）拆卸零部件方法		
			4）拆卸零部件运输固定工装设计		
			5）拆卸零部件安装说明书的编制		
			6）编制起重机拆装、装运管理运行办法		

续表

模块	课程	学习单元	课程内容	培训建议	培训学时
5. 培训与管理	5-2 机务管理	（3）项修后的设备技术评定和验收	1）项修后的设备验收内容和标准 2）项修后的设备技术评定方法和步骤	（1）方法：讲授法、案例教学法、讨论法、项目教学法 （2）重点：项修后的设备技术评定方法和步骤 （3）难点：项修后的设备验收	2
		（4）设备及作业人员管理	1）起重机设备管理 ①起重机基础管理 ②起重机使用管理 ③起重机维护保养管理 2）起重作业人员管理	（1）方法：讲授法、案例教学法 （2）重点：起重机管理 （3）难点：起重作业人员管理	2
课堂学时合计					96

2.2.6 一级/高级技师职业技能培训课程规范

模块	课程	学习单元	课程内容	培训建议	课堂学时
1. 起重机操作	1-1 作业中操作	（1）大型重物的起重作业	1）制定大型重物起重作业应急预案 如风电、石化、桥梁等 2）组织应急预案演练 3）重大危险风险评估及预防 4）大型重物的起重作业 如风电、石化、桥梁等	（1）方法：讲授法、观摩法、讨论法 （2）重点：风电、石化、桥梁等重物的起重作业 （3）难点：重大危险风险评估及预防措施	4

续表

模块	课程	学习单元	课程内容	培训建议	课堂学时
1. 起重机操作	1-1 作业中操作	（2）多机（两台以上）联合起重作业	1）多机配合起重作业起重量的分配	（1）方法：讲授法、观摩法、讨论法 （2）重点：多机配合起重作业方案的制定 （3）难点：多机配合起重作业主操作	4
			2）制定多机配合起重作业方案		
			3）起重作业人员的培训		
			4）安全警示及防护装置的设置		
			5）多机配合起重作业主操作		
	1-2 指挥起重作业	指挥起重作业	1）起重作业的场地布置	（1）方法：讲授法、观摩法、讨论法 （2）重点：起重作业风险防范 （3）难点：起重作业的指导	4
			2）重物重心及吊具的匹配确认		
			3）起重作业人员能力的确认		
			4）起重作业操作注意事项及风险防范		
			5）起重作业的现场指挥		
2. 起重机维护与保养	2-1 检查与维护	（1）标定相关操作参数	1）参数标准 ①压力、电流等 ②传感器等	（1）方法：讲授法、演示法、练习法、讨论法、实物示教法 （2）重点：压力、流量、传感器等参数的调整、标定方法 （3）难点：压力、流量、传感器等参数标准	4
			2）压力、电流等参数的调整、标定方法		
			3）传感器参数的调整、标定方法		
		（2）测试与优化整机关键性能	1）整机强度、稳定性测试方法	（1）方法：讲授法、讨论法、项目教学法 （2）重点：整机性能测试与调整训练 （3）难点：整机性能测试方法	4
			2）编制整机强度、稳定性试验方案		

续表

模块	课程	学习单元	课程内容	培训建议	课堂学时
2. 起重机维护与保养	2-1 检查与维护	（3）校准力矩限制器参数	1）力矩限制器校验标准	（1）方法：讲授法、演示法、练习法、讨论法 （2）重点：力矩限制器参数调整、校准 （3）难点：力矩限制器校验标准	4
			2）力矩限制器参数校准 ①长度 ②角度 ③质量		
		（4）拆卸、安装各总成并检查	1）主要部件性能检查标准	（1）方法：讲授法、讨论法、案例教学法 （2）重点：各总成件的检查 （3）难点：各总成件的拆装	4
			2）主要部件拆装规范及安装工艺要求 如伸臂总成、支腿总成、超起装置、塔臂装置等		
	2-2 设备保养	创新保养方式	1）常规保养方法存在的问题分析	（1）方法：讲授法、案例教学法、讨论法 （2）重点：创新保养方法的应用 （3）难点：创新保养方法的研究	2
			2）国际先进的保养方法研究		
			3）创新工具应用		
			4）创新保养方法的应用事例分析		
			5）创新保养方法的应用实验 ①适应性实验 ②实用性实验		
3. 起重机故障诊断与处理	3-1 起重机故障诊断	（1）伸缩系统振动和噪声故障识别	1）伸缩系统振动故障现象的确认	（1）方法：讲授法、案例教学法 （2）重点与难点：系统振动、噪声故障识别方法	3
			2）伸缩系统振动故障原因分析		
			3）伸缩系统噪声故障的确认		
			4）伸缩系统噪声故障原因分析		
		（2）卷扬系统失速和抖动故障识别	1）卷扬系统失速的分析确认	（1）方法：讲授法、案例教学法 （2）重点与难点：卷扬系统故障识别方法	3
			2）卷扬系统抖动的分析确认		

续表

模块	课程	学习单元	课程内容	培训建议	课堂学时
3．起重机故障识别与处理	3-1 故障识别	（3）判定金属结构局部变形	1）金属结构局部变形的检测方法	（1）方法：讲授法、参观法、观摩法、讨论法 （2）重点与难点：金属结构局部变形的检测方法	4
			2）金属结构局部变形的识别		
	3-2 故障处理	（1）伸缩系统振动和噪声故障的处理	1）伸缩系统振动故障处理步骤与方法	（1）方法：讲授法、案例教学法 （2）重点与难点：系统振动、噪声故障的处理方法	4
			2）伸缩系统噪声故障处理步骤与方法		
		（2）卷扬系统故障处理	1）卷扬系统失速故障处理	（1）方法：讲授法、案例教学法 （2）重点与难点：卷扬系统失速、抖动故障的处理方法	4
			2）卷扬系统抖动故障处理		
			3）编写故障分析报告		
		（3）修复金属结构局部变形	1）金属结构局部变形的修复方法	（1）方法：讲授法、参观法、观摩法、讨论法 （2）重点与难点：金属结构修复后的性能标定试验	4
			2）金属结构修复后的性能标定试验		

续表

模块	课程	学习单元	课程内容	培训建议	课堂学时
4．技术革新	4-1 设备更新	(1) 主机产品改进建议	1）提出产品改进建议	(1) 方法：讲授法、讨论法、案例教学法 (2) 重点：产品质量改进建议 (3) 难点：产品质量改进验证	2
			2）参与新产品研发技术方案研讨		
			3）形成新产品改进分析报告		
			4）参与新产品试验		
		(2) 部件检测及替换、更新	1）部件报废标准	(1) 方法：讲授法、练习法、讨论法 (2) 重点：部件替换、更新 (3) 难点：部件检测及报废判定	2
			2）部件检测与判定		
			3）部件替换与更新试验		
		(3) 新技术在起重机改造上的应用	1）新技术、新材料、新工艺、新能源在起重机上的应用	(1) 方法：讲授法、讨论法、案例教学法 (2) 重点：制定设备改造方案 (3) 难点：设备改造技术及成本分析	2
			2）起重机改造技术及成本分析		
			3）利用新技术制定设备改造方案案例		
			4）改造方案评审及试验验证		
		(4) 承载后整机稳定性的计算	1）稳定性计算准则	(1) 方法：讲授法、练习法、讨论法 (2) 重点与难点：承载后整机稳定性计算方法	4
			2）稳定性验算条件		
			3）稳定性验算 ①力矩计算方法 ②压强计算方法 ③接地比压计算方法		
			4）整机稳定性计算数据测量及承载后整机稳定性计算		

续表

模块	课程	学习单元	课程内容	培训建议	课堂学时
4. 技术革新	4–2 制定转场方案和撰写技术总结	（1）制定起重机转场方案	1）制定起重机铁路转场方案	（1）方法：讲授法、案例教学法、讨论法 （2）重点：起重机在铁路、公路、船舶等相应场所转场方案制定方法 （3）难点：起重机在铁路、公路、船舶等相应场所转场规范	4
			2）制定起重机公路转场方案		
			3）制定起重机船舶转场方案		
			4）制定起重机桥梁通过方案		
		（2）撰写技术总结或相关论文	1）论文结构	（1）方法：讲授法、练习法、讨论法 （2）重点：论文撰写方法 （3）难点：论文评审要求	2
			2）技术改进、故障排除等相关总结或论文案例分析		
			3）撰写论文注意事项		
			4）论文评审要求		
5. 培训与管理	5–1 技术培训	（1）技术培训	1）学员水平能力调查分析	（1）方法：讲授法、演示法、练习法、讨论法 （2）重点：汽车吊司机培训实施 （3）难点：培训评价	2
			2）培训课程及设备等资源准备		
			3）培训教师的选拔及培养 ① 培训教师的选拔 ②培训讲义或课程开发 ③授课技巧培训		
			4）培训实施		
			5）培训评价 ①培训试卷编制及审核 ②满意度调查问卷 ③过程评价及绩效（跟踪）评价		
		（2）合作开发教学实习设备	1）编写教学实习设备技术文件	（1）方法：讲授法、案例教学法、讨论法 （2）重点与难点：协助设计与制作教学实习设备	2
			2）协助设计与制作教学实习设备		
			3）教学实习设备试验与验收		

续表

<table>
<tr><th>模块</th><th>课程</th><th>学习单元</th><th>课程内容</th><th>培训建议</th><th>课堂学时</th></tr>
<tr><td rowspan="16">5. 培训与管理</td><td rowspan="8">5-1 技术培训</td><td rowspan="2">（3）新技术、新设备、新标准在起重作业中的应用</td><td>1）新技术、新设备、新标准识别及搜集</td><td rowspan="2">（1）方法：讲授法、案例教学法、讨论法
（2）重点与难点：新技术、新设备、新标准的转化应用</td><td rowspan="2">2</td></tr>
<tr><td>2）新技术、新设备、新标准消化吸收、转化应用案例分析</td></tr>
<tr><td rowspan="4">（4）培训管理</td><td>1）培训计划要素
①培训人数、培训目标
②培训课程安排及培训费用核算
③培训师资、设备及场地
④培训管理制度及评价方法等</td><td rowspan="4">（1）方法：讲授法、练习法、讨论法
（2）重点：培训计划的制订和培训总结的编写
（3）难点：确定培训计划和培训总结涉及的要素及内容</td><td rowspan="4">2</td></tr>
<tr><td>2）编制培训计划案例</td></tr>
<tr><td>3）培训实施过程管理</td></tr>
<tr><td>4）培训总结改进
①培训目标实现情况
②培训创新内容
③培训过程存在问题
④培训改进措施</td></tr>
<tr><td rowspan="2">（5）起重作业操作指导</td><td>1）起重作业操作关键技能点的指导</td><td rowspan="2">（1）方法：讲授法、演示法、实训法、讨论法
（2）重点与难点：起重作业操作技能点讲解与示范</td><td rowspan="2">4</td></tr>
<tr><td>2）起重作业操作示范及操作要领讲解</td></tr>
<tr><td rowspan="8">5-2 机务管理</td><td rowspan="5">（1）建立与管理设备技术档案</td><td>1）设备技术档案建立标准</td><td rowspan="5">（1）方法：讲授法、案例教学法、讨论法
（2）重点：保障设备的安全使用状态
（3）难点：技术档案管理的维护与改进</td><td rowspan="5">2</td></tr>
<tr><td>2）设备技术档案管理案例讲解</td></tr>
<tr><td>3）设备技术档案检查记录</td></tr>
<tr><td>4）设备技术档案检查问题整改</td></tr>
<tr><td>5）设备技术档案检查问题整改验证</td></tr>
<tr><td rowspan="3">（2）制订设备更新计划</td><td>1）设备使用收益与成本分析</td><td rowspan="3">（1）方法：讲授法、案例教学法、讨论法
（2）重点：制订设备更新计划
（3）难点：收益成本分析</td><td rowspan="3">2</td></tr>
<tr><td>2）市场需求分析</td></tr>
<tr><td>3）设备更新计划</td></tr>
</table>

续表

模块	课程	学习单元	课程内容	培训建议	课堂学时
5. 培训与管理	5-2 机务管理	（3）远程监控技术应用	1）物联网应用技术 2）信号的发射与接收 3）起重作业的安全及工况管理	（1）方法：讲授法、演示法、讨论法 （2）重点与难点：行驶和作业的安全以及工况管理	4
		（4）大修后起重机空载性能检查	1）汽车起重机和全地面起重机试验规范 2）制定大修后起重机性能检查和试验方案 3）起重机性能检查和空载试验 ①起升性能空载试验检查 ②变幅性能空载试验检查 ③回转性能空载试验检查 ④伸臂系统性能空载试验检查 ⑤支腿伸缩性能空载试验检查	（1）方法：讲授法、演示法、实训法、讨论法 （2）重点：大修后的起重机性能检查方法 （3）难点：制定大修后起重机性能检查方案	16
		（5）大修后起重机的起重作业性能试验	1）大修后汽车起重机和全地面起重机试验规范 2）大修后起重机连续装卸作业试验 3）大修后起重机静载荷试验 4）大修后起重机动载荷试验	（1）方法：讲授法、观摩法、讨论法 （2）重点：大修后起重机作业性能试验方法 （3）难点：大修后汽车起重机和全地面起重机试验规范	16
课堂学时合计					120

2.2.7 培训建议中培训方法说明

（1）讲授法

讲授法指教师主要运用语言讲述，系统地向学员传授知识，传播思想观念。即教师通过叙述、描绘、解释、推论来传递信息、传授知识、阐明概念、论证定律和公式，引导学员获取知识、分析和认识问题。

（2）讨论法

讨论法指在教师的指导下，学员以班级或小组为单位，围绕学习单元的内容，对某一专题进行深入探讨，通过讨论或辩论活动，从而获得知识或巩固知识的一种教学方法，要求教师在讨论结束时对讨论的主题做归纳性总结。

（3）实训（练习）法

实训（练习）法指学员在教师的指导下巩固知识、运用知识、形成技能技巧的方法。通过实际操作的练习，旨在形成操作技能。

（4）参观法

参观法指教师组织或指导学员进行实地观察、调查、研究和学习，使学员获得新知识或巩固已学知识的教学方法。参观教学法可细分为“准备性参观、并行性参观、总结性参观”等。

（5）演示法

演示法指在教学过程中，教师通过示范操作和讲解使学员获得知识、技能的教学方法。教学中，教师对操作内容进行现场演示，边操作边讲解，强调操作的关键步骤和注意事项，使学员边学边做，理论与技能并重，师生互动，提高学员的学习兴趣和学习效率。

（6）案例教学法

案例教学法指通过对案例进行分析，提出问题，分析问题，并找到解决问题的途径和手段，培养学员分析问题、处理问题的能力。

（7）项目教学法

项目教学法指以实际应用为目的，将理论知识与实际工作相结合，通过师生共同完成一个完整的项目工作，使学员获得知识和实践操作能力与解决实际问题能力的教学方法。其实施以小组为学习单位，步骤一般分为确定项目任务、计划、决策、实施、检查和评价 6 个步骤。强调学员在学习过程中的主体地位，以学员为中心，以学员学习为主、教师指导为辅，通过完成教学项目，激发学员的学习积极性，使学员既获得相关理论知识，又掌握实践技能和工作方法，提高学员解决实际问题的综合能力。

（8）实物示教法

实物示教法指教师通过实物的操作演示或对学员实物操作演示的评价，实现对学员技能操作步骤和要领掌握情况的检查、纠错、修正，并演示正确操作方法的一种教学方法。

（9）观摩法

观摩法指让学员通过现场观摩、观看视频等形式，学习、获取知识、技能的一种教学方法。

2.3 考核规范

2.3.1 职业基本素质培训考核规范

考核范围	考核比重（%）	考核内容	考核比重（%）	考核单元
1. 职业认知与职业道德	5	1–1 职业认知	2	职业认知
		1–2 职业道德与职业守则	3	职业道德与职业守则
2. 专业基础理论知识	20	2–1 机械基础知识	2	（1）机械识图基础知识
			2	（2）公差配合与测量基础知识
			1	（3）常用金属材料基础知识
			1	（4）常用非金属材料基础知识
			4	（5）机械传动基础知识
		2–2 电工与电子基础知识	4	电工与电子基础知识
		2–3 液压传动基础知识	4	液压传动基础知识
		2–4 钳工基础知识	2	钳工基础知识
3. 起重机基础知识	60	3–1 起重机结构	5	（1）认识起重机
			5	（2）认识起重机动力系统
			5	（3）认识起重机支腿
			20	（4）认识起重机工作装置
			10	（5）认识起重机液压系统
			5	（6）认识起重机电气控制系统
			5	（7）认识起重机安全防护装置
		3–2 起重机维护与保养	5	常规维护与保养
4. 安全文明生产与环境保护	10	4–1 安全文明生产	2	（1）安全操作规程
			1	（2）通道的使用
			2	（3）起重作业指挥信号
			1	（4）安全警示牌的设置和撤除
			1	（5）登高作业的安全防护
			1	（6）消防器材的使用
			1	（7）紧急逃生与救护
		4–2 环境保护知识	1	环境保护知识
5. 相关法律、法规知识	5	相关法律、法规知识	5	相关法律、法规知识

2.3.2 五级 / 初级职业技能培训理论知识考核规范

考核范围	考核比重（%）	考核内容	考核比重（%）	考核单元
1. 起重机操作	80	1-1 环境识别与安全防护	5	（1）环境识别
				（2）安全防护
		1-2 作业前检查	20	（1）规则重物重量识别及重心确认
				（2）检查外观及连接件
				（3）检查油、液
				（4）检查承载部件
				（5）检查操纵件及指示器
				（6）检查安全装置
				（7）检查警示标识及消防器材
				（8）规范填写记录本
		1-3 作业中操作	50	（1）识读性能图表
				（2）使用吊具
				（3）起动起重机
				（4）操作取力装置
				（5）操作起重机支腿
				（6）操作工作装置
				（7）规则重物起重作业
		1-4 收车及交接	5	收车及交接
2. 起重机维护与保养	20	2-1 检查与维护	15	（1）电气部分的日常检查与更换
				（2）操纵室的检查与调整
				（3）液压部分的日常检查与更换
		2-2 设备保养	5	（1）机构润滑保养
				（2）更换液压油

2.3.3 五级 / 初级职业技能培训操作技能考核规范

<table>
<tr><th>考核范围</th><th>考核比重（%）</th><th colspan="2">考核内容</th><th>考核比重（%）</th><th>考核形式</th><th>选考方式</th><th>考核时间（分钟）</th><th>重要程度</th></tr>
<tr><td rowspan="18">1. 起重机操作</td><td rowspan="18">80</td><td colspan="2">1-1 环境识别与安全防护</td><td>5</td><td>笔试或口试</td><td>必考</td><td>5</td><td>X</td></tr>
<tr><td rowspan="8">1-2 作业前检查</td><td>规则重物重量识别及重心确认</td><td>2</td><td>笔试</td><td>必考</td><td rowspan="8">5</td><td rowspan="8">X</td></tr>
<tr><td>检查外观及连接件</td><td rowspan="4">10</td><td rowspan="4">实操</td><td rowspan="4">选考（四选二）</td></tr>
<tr><td>检查油、液</td></tr>
<tr><td>检查承载部件</td></tr>
<tr><td>检查操纵件及指示器</td></tr>
<tr><td>检查安全装置</td><td rowspan="3">8</td><td rowspan="3">笔试或口试</td><td rowspan="3">必考</td></tr>
<tr><td>检查警示标识及消防器材</td></tr>
<tr><td>规范填写记录本</td></tr>
<tr><td rowspan="7">1-3 作业中操作</td><td>识读性能图表</td><td rowspan="2">10</td><td rowspan="2">笔试</td><td rowspan="2">必考</td><td rowspan="7">30</td><td rowspan="7">X</td></tr>
<tr><td>使用吊具</td></tr>
<tr><td>起动起重机</td><td rowspan="2">1</td><td rowspan="2">实操</td><td rowspan="2">选考（二选一）</td></tr>
<tr><td>操作取力装置</td></tr>
<tr><td>操作起重机支腿</td><td>4</td><td>实操</td><td>必考</td></tr>
<tr><td>操作工作装置</td><td rowspan="2">40</td><td rowspan="2">实操</td><td rowspan="2">必考</td></tr>
<tr><td>规则重物起重作业</td></tr>
<tr><td colspan="2">1-4 收车及交接</td><td>5</td><td>实操</td><td>必考</td><td>5</td><td>Y</td></tr>
<tr><td rowspan="5">2. 维护与保养</td><td rowspan="5">20</td><td rowspan="3">2-1 检查与维护</td><td>电气部分的日常检查与更换</td><td rowspan="3">10</td><td rowspan="3">笔试</td><td rowspan="3">选考（三选二）</td><td rowspan="3">10</td><td rowspan="3">X</td></tr>
<tr><td>操纵室的检查与调整</td></tr>
<tr><td>液压部分的日常检查与更换</td></tr>
<tr><td rowspan="2">2-2 设备保养</td><td>机构润滑保养</td><td rowspan="2">5</td><td rowspan="2">笔试或口试</td><td rowspan="2">选考（二选一）</td><td rowspan="2">5</td><td rowspan="2">Y</td></tr>
<tr><td>更换液压油</td></tr>
</table>

重要程度说明：

“X”表示核心要素，是鉴定中最重要、出现频率最高的内容，具有必备性、典型性的特点；“Y”表示一般要素，是鉴定中一般重要的内容；“Z”表示辅助要素，是鉴定中重要程度较低的内容。

2.3.4 四级 / 中级职业技能培训理论知识考核规范

考核范围	考核比重（%）	考核内容	考核比重（%）	考核单元
1. 起重机操作	60	1-1 环境识别与安全防护	5	（1）环境识别
				（2）安全防护
		1-2 作业前检查	20	（1）检查结构件外观
				（2）选择吊具、索具
				（3）检查取力装置
				（4）检查回转机构
				（5）检查变幅机构
				（6）检查起重臂机构
				（7）检查起升机构
		1-3 作业中操作	33	（1）选择起重作业位置
				（2）操作力矩限制器
				（3）调整钢丝绳倍率
				（4）安装副起重臂、副钩
				（5）安装平衡重
				（6）复合动作起重作业
				（7）拆垛、堆垛起重作业
		1-4 作业后检查	2	检查作业后起重机外观
2. 起重机维护与保养	20	2-1 检查与维护	10	（1）机械部分的日常检查与调整
				（2）电气部分的日常检查与更换
				（3）调整伸缩臂钢丝绳松紧度
		2-2 设备保养	10	（1）液压油箱及滤清器的保养
				（2）发动机滤清器的保养
				（3）减速器的保养
3. 起重机故障识别与处理	20	3-1 识别与处理轻微机械故障	4	识别与处理轻微机械故障
		3-2 识别与处理工作装置故障	8	（1）识别与处理支腿系统故障
				（2）识别上车工作装置故障
		3-3 识别与处理安全装置及液压、电气元件故障	8	（1）识别与处理安全装置及电气系统轻微故障
				（2）识别与处理简单液压元件轻微故障

2.3.5 四级 / 中级职业技能培训操作技能考核规范

<table>
<tr><th>考核范围</th><th>考核比重（%）</th><th>考核内容</th><th>考核项目</th><th>考核比重（%）</th><th>考核形式</th><th>选考方式</th><th>考核时间（分钟）</th><th>重要程度</th></tr>
<tr><td rowspan="16">1. 起重机操作</td><td rowspan="16">60</td><td colspan="2">1–1 环境识别与安全防护</td><td>5</td><td>实操</td><td>必考</td><td>5</td><td>X</td></tr>
<tr><td rowspan="7">1–2 作业前检查</td><td>检查结构件外观</td><td rowspan="2">5</td><td rowspan="2">口试</td><td rowspan="2">必考</td><td rowspan="7">10</td><td rowspan="7">X</td></tr>
<tr><td>选择吊具、索具</td></tr>
<tr><td>检查取力装置</td><td rowspan="4">5</td><td rowspan="4">口试</td><td rowspan="4">选考（四选一）</td></tr>
<tr><td>检查回转机构</td></tr>
<tr><td>检查变幅机构</td></tr>
<tr><td>检查起重臂机构</td></tr>
<tr><td>检查起升机构</td><td>10</td><td>口试</td><td>必考</td></tr>
<tr><td rowspan="7">1–3 作业中操作</td><td>选择起重作业位置</td><td>3</td><td>口试</td><td>必考</td><td rowspan="7">30</td><td rowspan="7">X</td></tr>
<tr><td>操作力矩限制器</td><td rowspan="4">20</td><td rowspan="4">实操</td><td rowspan="4">选考（四选二）</td></tr>
<tr><td>调整钢丝绳倍率</td></tr>
<tr><td>安装副起重臂、副钩</td></tr>
<tr><td>安装平衡重</td></tr>
<tr><td>复合动作起重作业</td><td rowspan="2">10</td><td rowspan="2">实操</td><td rowspan="2">选考（二选一）</td></tr>
<tr><td>拆垛、堆垛起重作业</td></tr>
<tr><td colspan="2">1–4 作业后起重机检查</td><td>2</td><td>口试</td><td>必考</td><td>5</td><td>Y</td></tr>
<tr><td rowspan="6">2. 起重机维护与保养</td><td rowspan="6">20</td><td rowspan="3">2–1 检查与维护</td><td>机械部分的日常检查与调整</td><td rowspan="3">10</td><td rowspan="3">笔试或口试</td><td rowspan="3">选考（三选一）</td><td rowspan="3">10</td><td rowspan="3">X</td></tr>
<tr><td>起重机电气部分的日常检查与更换</td></tr>
<tr><td>调整伸缩臂钢丝绳松紧度</td></tr>
<tr><td rowspan="3">2–2 设备保养</td><td>液压油箱及滤清器的保养</td><td rowspan="3">10</td><td rowspan="3">笔试或口试</td><td rowspan="3">选考（三选一）</td><td rowspan="3">10</td><td rowspan="3">X</td></tr>
<tr><td>发动机滤清器的保养</td></tr>
<tr><td>起重作业减速器的保养</td></tr>
<tr><td rowspan="5">3. 起重机故障识别与处理</td><td rowspan="5">20</td><td>3–1 识别与处理轻微机械故障</td><td>识别与处理轻微机械故障</td><td>10</td><td>笔试或口试</td><td>必考</td><td>10</td><td>Y</td></tr>
<tr><td rowspan="2">3–2 识别与处理工作装置故障</td><td>识别与处理支腿系统故障</td><td rowspan="4">10</td><td rowspan="4">笔试或口试</td><td rowspan="4">选考（四选一）</td><td rowspan="4">10</td><td rowspan="4">Z</td></tr>
<tr><td>识别上车工作装置故障</td></tr>
<tr><td rowspan="2">3–3 识别与处理安全装置及液压、电气元件故障</td><td>识别与处理安全装置及电气系统轻微故障</td></tr>
<tr><td>识别与处理简单液压元件轻微故障</td></tr>
</table>

2.3.6 三级 / 高级职业技能培训理论知识考核规范

考核范围	考核比重（%）	考核内容	考核比重（%）	考核单元
1. 起重机操作	60	1–1 环境识别与安全防护	10	（1）环境识别
				（2）安全防护
		1–2 作业前检查	20	（1）检查力矩限制器等安全装置
				（2）检查钢丝绳
				（3）检查单缸插销式伸缩机构
				（4）检查动力传动装置
				（5）检查辅助装置
		1–3 作业中操作	30	（1）单缸插销式起重机空载操作
				（2）拆装及操作辅助装置
				（3）特殊重物起重作业
				（4）遥控操作起重作业
				（5）两台起重机配合进行辅助作业
2. 起重机维护与保养	20	2–1 检查与维护	10	（1）检查与调整动力传动装置
				（2）调整起重臂
				（3）检查与调整辅助元件
		2–2 设备保养	10	（1）检查油品质量
				（2）集中润滑系统
3. 起重机故障识别与处理	20	3–1 故障识别	10	（1）识别工作装置故障
				（2）识别单缸插销式起重臂故障
				（3）识别上车电气系统故障
		3–2 故障处理	10	（1）处理机械元件一般故障
				（2）处理液压元件一般故障
				（3）处理电气元件一般故障

2.3.7 三级 / 高级职业技能培训操作技能考核规范

<table>
<tr><th>考核范围</th><th>考核比重（%）</th><th>考核内容</th><th>考核项目</th><th>考核比重（%）</th><th>考核形式</th><th>选考方式</th><th>考核时间（分钟）</th><th>重要程度</th></tr>
<tr><td rowspan="11">1. 起重机操作</td><td rowspan="11">60</td><td colspan="2">1-1 环境识别与安全防护</td><td>10</td><td>笔试或口试</td><td>必考</td><td>10</td><td>X</td></tr>
<tr><td rowspan="5">1-2 作业前检查</td><td>检查力矩限制器等安全装置</td><td rowspan="3">10</td><td rowspan="3">笔试或口试</td><td rowspan="3">选考（三选一）</td><td rowspan="5">10</td><td rowspan="5">X</td></tr>
<tr><td>检查钢丝绳</td></tr>
<tr><td>检查单缸插销式伸缩机构</td></tr>
<tr><td>检查动力传动装置</td><td rowspan="2">10</td><td rowspan="2">笔试或口试</td><td rowspan="2">选考（二选一）</td></tr>
<tr><td>检查辅助装置</td></tr>
<tr><td rowspan="5">1-3 作业中操作</td><td>单缸插销式起重机空载操作</td><td rowspan="2">15</td><td rowspan="2">实操</td><td rowspan="2">选考（二选一）</td><td rowspan="5">30</td><td rowspan="5">X</td></tr>
<tr><td>拆装及操作辅助装置</td></tr>
<tr><td>特殊重物起重作业</td><td rowspan="3">15</td><td rowspan="3">笔试或口试</td><td rowspan="3">必考</td></tr>
<tr><td>遥控操作起重作业</td></tr>
<tr><td>两台起重机配合进行辅助作业</td></tr>
<tr><td rowspan="5">2. 起重机维护与保养</td><td rowspan="5">20</td><td rowspan="3">2-1 检查与维护</td><td>调整动力传动装置</td><td rowspan="3">10</td><td rowspan="3">笔试或口试</td><td rowspan="3">选考（三选一）</td><td rowspan="3">10</td><td rowspan="3">Y</td></tr>
<tr><td>调整起重臂</td></tr>
<tr><td>检查与调整辅助元件</td></tr>
<tr><td rowspan="2">2-2 设备保养</td><td>检查油品质量</td><td rowspan="2">10</td><td rowspan="2">笔试或口试</td><td rowspan="2">选考（二选一）</td><td rowspan="2">10</td><td rowspan="2">X</td></tr>
<tr><td>集中润滑系统</td></tr>
<tr><td rowspan="6">3. 起重机故障判断与排除</td><td rowspan="6">20</td><td rowspan="3">3-1 故障识别</td><td>识别工作装置故障</td><td rowspan="3">10</td><td rowspan="3">笔试或口试</td><td rowspan="3">选考（三选一）</td><td rowspan="6">20</td><td rowspan="6">X</td></tr>
<tr><td>识别单缸插销式起重臂故障</td></tr>
<tr><td>识别上车电气系统故障</td></tr>
<tr><td rowspan="3">3-2 故障处理</td><td>处理机械元件一般故障</td><td rowspan="3">10</td><td rowspan="3">笔试或口试</td><td rowspan="3">选考（三选一）</td></tr>
<tr><td>处理液压元件一般故障</td></tr>
<tr><td>处理电气元件一般故障</td></tr>
</table>

2.3.8 二级 / 技师职业技能培训理论知识考核规范

考核范围	考核比重（%）	考核内容	考核比重（%）	考核单元
1. 起重机操作	40	1–1 作业前检查	5	（1）超起装置起重作业前检查
				（2）变幅副臂装置起重作业前检查
		1–2 作业中操作	35	（1）超起装置的安装与调试
				（2）变幅副臂装置的安装与调试
				（3）带超起、变幅副臂装置的起重机起重作业
				（4）两台起重机配合起重作业主操作
				（5）全地面起重机带载行驶
2. 起重机维护与保养	10	2–1 检查与维护	5	（1）调整压力和电流参数
				（2）调整起重臂、支腿滑块间隙
				（3）测量与调整回转啮合间隙
		2–2 设备保养	5	（1）金属结构防锈、防腐
				（2）关键部件保养
3. 起重机故障识别与处理	25	3–1 故障识别	10	（1）识别液压元件运行状态
				（2）动力系统一般故障识别及报告编写
				（3）检查电气控制系统状态
		3–2 故障处理	15	（1）识读液压、电气原理图
				（2）处理油温过高故障
				（3）处理液压冲击故障
				（4）分析处理常见疑难故障
4. 技术革新	10	4–1 新机试验及老机评估	5	（1）新机试验
				（2）老机评估
		4–2 起重作业方案制定及工装改进	5	（1）制定起重作业方案
				（2）吊具功能改造
5. 培训与管理	15	5–1 技术培训	10	（1）编写培训教案并制作课件
				（2）起重作业培训指导
		5–2 机务管理	5	（1）制订保养及维修计划
				（2）建立起重机拆装、装运管理运行方法
				（3）项修后的设备技术评定和验收
				（4）设备及作业人员管理

2.3.9 二级 / 技师职业技能培训操作技能考核规范

考核范围	考核比重（%）	考核内容	考核项目	考核比重（%）	考核形式	选考方式	考核时间（分钟）	重要程度
1. 起重机操作	35	1-1 作业前检查	超起装置起重作业前检查	5	口试	选考（二选一）	5	Y
			变幅副臂装置起重作业前检查					
		1-2 作业中操作	超起装置的安装与调试	15	笔试或口试	选考（二选一）	30	X
			变幅副臂装置的安装与调试					
			带超起、变幅副臂装置的起重机起重作业操作	15	笔试或口试	选考（三选一）		
			两台起重机配合起重作业主操作					
			全地面起重机带载行驶					
2. 起重机维护与保养	15	2-1 检查与维护	调整压力和电流参数	10	笔试或口试	选考（三选一）	10	X
			调整起重臂、支腿滑块的间隙					
			测量与调整回转啮合间隙					
		2-2 设备保养	金属结构防锈、防腐	5	笔试或口试	选考（二选一）	5	Y
			关键部件保养					
3. 起重机故障识别与处理	25	3-1 故障识别	识别液压元件运行状态	10	笔试或口试	选考（三选一）	10	Y
			动力系统一般故障识别及报告编写					
			检查电气控制系统状态					
		3-2 故障处理	识读液压、电气原理图	5	笔试	必考	10	X
			处理油温过高故障	10	笔试或口试	选考（三选一）		
			处理液压冲击故障					
			分析处理常见疑难故障					

续表

考核范围	考核比重（%）	考核内容	考核项目	考核比重（%）	考核形式	选考方式	考核时间（分钟）	重要程度
4. 技术革新	10	4-1 新机试验及老机评估	新机试验	5	笔试或口试	选考（二选一）	5	X
			老机评估					
		4-2 起重作业方案制定及工装改进	制定起重作业方案	5	笔试或口试	选考（二选一）	5	X
			吊具功能改造					
5. 培训与管理	15	5-1 技术培训	编写培训教案和制作课件	5	笔试或口试	选考（二选一）	5	Y
			起重作业培训指导					
		5-2 机务管理	制订保养及维修计划	10	笔试或口试	选考（四选二）	5	X
			建立起重机拆装、装运管理运行方法					
			项修后的设备技术评定和验收					
			设备及作业人员管理					

2.3.10 一级 / 高级技师职业技能培训理论知识考核规范

考核范围	考核比重（%）	考核内容	考核比重（%）	考核单元
1. 起重机操作	30	1-1 作业中操作	20	（1）大型重物的起重作业
				（2）多机（两台以上）联合起重作业
		1-2 指挥起重作业	10	指挥起重作业
2. 起重机维护与保养	20	2-1 检查与维护	15	（1）标定相关操作参数
				（2）测试、优化整机关键性能
				（3）校准力矩限制器参数
				（4）拆卸、安装各总成并检查
		2-2 设备保养	5	创新保养方式

续表

考核范围	考核比重（%）	考核内容	考核比重（%）	考核单元
3. 起重机故障识别与处理	20	3–1　故障识别	10	（1）伸缩系统振动和噪声故障识别
				（2）卷扬系统失速和抖动故障识别
				（3）判定金属结构局部变形
		3–2　故障处理	10	（1）伸缩系统振动和噪声故障处理
				（2）卷扬系统故障处理
				（3）修复金属结构局部变形
4. 技术革新	10	4–1　设备更新	6	（1）主机产品改进建议
				（2）部件检测及替换、更新
				（3）新技术在起重机改造上的应用
				（4）承载后整机稳定性的计算
		4–2　制定转场方案和撰写技术总结	4	（1）制定起重机转场方案
				（2）撰写技术总结或相关论文
5. 培训与管理	20	5–1　技术培训	10	（1）技术培训
				（2）合作开发教学实习设备
				（3）新技术、新设备、新标准在起重作业中的应用
				（4）培训管理
				（5）起重作业操作指导
		5–2　机务管理	10	（1）建立与管理设备技术档案
				（2）制订设备更新计划
				（3）远程监控技术应用
				（4）大修后起重机空载性能检查
				（5）大修后起重机的起重作业性能试验

2.3.11 一级 / 高级技师职业技能培训操作技能考核规范

考核范围	考核比重（%）	考核内容	考核项目	考核比重（%）	考核形式	选考方式	考核时间（分钟）	重要程度
1. 起重机操作	30	作业中操作	大型重物的起重作业	30	笔试或口试	选考（三选一）	20	X
			多机（两台以上）联合起重作业					
			起重作业的指挥					
2. 起重机维护与保养	20	2-1 检查与维护	标定相关操作参数	10	实操	选考（四选一）	10	X
			测试、优化整机关键性能					
			校准力矩限制器参数					
			拆卸、安装各总成并检查					
		2-2 设备保养	创新保养方式	10	笔试或口试	必考	10	X
3. 起重机故障识别与处理	20	3-1 故障识别	伸缩系统振动故障识别	10	笔试或口试	选考（四选一）	10	Y
			伸缩系统噪声故障识别					
			卷扬系统失速和抖动故障识别					
			判定金属结构局部变形					
		3-2 故障处理	伸缩系统振动故障处理	10	实操	选考（四选一）	10	Z
			伸缩系统噪声故障处理					
			卷扬系统故障处理					
			修复金属结构局部变形					

续表

考核范围	考核比重（%）	考核内容	考核项目	考核比重（%）	考核形式	选考方式	考核时间（分钟）	重要程度
4. 技术革新	10	4–1　设备更新	主机产品改进建议	10	笔试或口试	选考（六选二）	10	Y
			部件检测及替换、更新					
			新技术在起重机改造上的应用					
			承载后整机稳定性的计算					
		4–2　制定转场方案与撰写技术总结	制定起重机转场方案					
			撰写技术总结或相关论文					
5. 培训与管理	20	5–1　技术培训	技术培训	10	口试	选考（五选二）	10	X
			合作开发教学实习设备					
			新技术、新设备、新标准在起重作业的应用					
			培训管理					
			起重作业操作指导					
		5–2　机务管理	建立与管理设备技术档案	5	笔试或口试	选考（三选一）	10	X
			制订设备更新计划					
			远程监控技术应用					
			大修后起重机空载性能检查	5	笔试或口试	选考（二选一）		
			大修后起重机的起重作业性能试验					

附录

培训要求与课程规范对照表

附录 1 职业基本素质培训要求与课程规范对照表

2.1.1 职业基本素质培训要求			2.2.1 职业基本素质课程规范			
职业功能模块（模块）	培训内容（课程）	培训细目	学习单元	课程内容	培训建议	课堂学时
1. 职业认知与职业道德	1–1 职业认知	（1）汽车吊司机工作内容 （2）汽车吊司机国家职业技能等级划分方法 （3）起重作业在施工工程中的应用 （4）国内外起重机发展概况	职业认知	1）汽车吊司机工作内容 2）汽车吊司机国家职业技能等级划分方法 3）起重作业在施工工程中的应用 4）国内外起重机发展概况	（1）方法：讲授法、讨论法 （2）重点与难点：汽车吊司机工作内容及等级划分	1
	1–2 职业道德与职业守则	（1）汽车吊司机职业道德规范 （2）汽车吊司机职业守则	职业道德与职业守则	1）汽车吊司机职业道德规范 2）汽车吊司机职业守则 ①爱岗敬业，忠于职守，文明生产 ②刻苦学习，钻研业务，奉献社会 ③团结协作，具有高度的责任感和良好的团队合作精神 ④严格执行操作规程，重视安全生产，牢固树立安全质量意识	（1）方法：讲授法、案例教学法、讨论法 （2）重点与难点：汽车吊司机职业道德的养成	2
2. 专业基础理论知识	2–1 机械基础知识	（1）机械识图基础知识	（1）机械识图基础知识	1）投影原理及三视图 2）基本体的三视图	（1）方法：讲授法、演示法、练习法 （2）重点与难点：三视图的识读	1

续表

2.1.1 职业基本素质培训要求			2.2.1 职业基本素质课程规范			
职业功能模块（模块）	培训内容（课程）	培训细目	学习单元	课程内容	培训建议	课堂学时
2. 专业基础理论知识	2-1 机械基础知识	（2）测量器具的使用 （3）公差配合与尺寸标注识读 （4）常用金属和非金属材料的种类、性能与应用 （5）机械传动基础知识	（2）公差配合与测量基础知识	1）常用测量器具 ①测量工具的种类 ②测量器具的使用方法	（1）方法：讲授法、演示法、练习法 （2）重点：测量器具的使用方法 （3）难点：公差配合与尺寸标注识读	2
				2）公差配合与尺寸标注识读 ①公差与配合的基本概念 ②公差与配合的分类 ③尺寸标注识读		
			（3）常用金属材料基础知识	1）常用金属材料的种类与应用	（1）方法：讲授法、讨论法 （2）重点与难点：常用金属材料的种类、性能与应用	2
				2）常用金属材料的性能 ①物理性能 ②化学性能 ③力学性能 ④工艺性能		
			（4）常用非金属材料基础知识	1）常用非金属材料的种类、牌号、性能与应用	（1）方法：讲授法、演示法、讨论法 （2）重点与难点：常用非金属材料的种类、牌号、性能及应用	1
				2）工程塑料的种类、性能与应用		
				3）橡胶种类、性能与应用		
			（5）机械传动基础知识	1）机械传动常用零件的功能	（1）方法：讲授法、演示法、练习法、讨论法 （2）重点：机械传动类型 （3）难点：机械传动功能	4
				2）机械传动常用部件的类型、结构、功能		
				3）机械传动常见机构的功能		

续表

2.1.1 职业基本素质培训要求			2.2.1 职业基本素质课程规范			
职业功能模块（模块）	培训内容（课程）	培训细目	学习单元	课程内容	培训建议	课堂学时
2. 专业基础理论知识	2–2 电工与电子基础知识	（1）安全用电的基本知识 （2）交流电路、直流电路的基本知识 （3）低压电气基本知识 （4）常用电气与电子元件识别与应用	电工与电子基础知识	1）安全用电基础知识 2）交流电路和直流电路基础知识 3）低压电气基础知识 4）常用电气与电子元件识别与应用	（1）方法：讲授法、演示法、练习法、讨论法 （2）重点与难点：安全用电及常用电气与电子元件应用	4
	2–3 液压传动基础知识	（1）液压系统组成及功能 （2）液压原理识图 （3）常用液压元件种类及用途 （4）常用工作介质的应用	液压传动基础知识	1）液压系统组成及功能 2）液压原理识图 3）常用液压元件种类及用途 4）常用工作介质的牌号、性能及应用 5）使用液压元件的注意事项	（1）方法：讲授法、演示法、练习法、讨论法 （2）重点：液压系统组成及功能 （3）难点：常用工作介质的牌号、性能及应用	4
	2–4 钳工基础知识	（1）钳工常用设备知识 （2）钳工常用工具的使用方法 （3）钳工常用仪表的使用方法	钳工基础知识	1）钳工常用设备的使用 2）钳工常用工具和量具的使用 3）钳工常用仪表的使用	（1）方法：讲授法、演示法、练习法、讨论法 （2）重点与难点：钳工常用设备、工具、量具、仪表的使用方法	2

续表

2.1.1 职业基本素质培训要求			2.2.1 职业基本素质课程规范			
职业功能模块（模块）	培训内容（课程）	培训细目	学习单元	课程内容	培训建议	课堂学时
3. 起重机基础知识	3-1 起重机结构	（1）起重机分类、结构及主要技术参数等 （2）起重机动力系统组成及功能 （3）起重机支腿组成及功能 （4）起重机工作装置组成及功能	（1）认识起重机	1）起重机分类 2）起重机结构形式 3）起重机主要技术参数	（1）方法：讲授法、演示法、练习法、讨论法 （2）重点与难点：起重机结构及主要技术参数	2
			（2）认识起重机动力系统	1）动力系统组成及功能 2）动力系统关键零部件功能	（1）方法：讲授法、演示法 （2）重点与难点：起重机动力系统功能	2
			（3）认识起重机支腿	1）支腿的分类、结构及功能 2）支腿关键零部件功能	（1）方法：讲授法、演示法、实训法 （2）重点与难点：支腿结构及功能	2
			（4）认识起重机工作装置	1）起升机构认知 ①起升机构组成及功能 ②起升机构关键零部件功能	（1）方法：讲授法、实训法、讨论法	12

续表

<table>
<tr><th colspan="3">2.1.1　职业基本素质培训要求</th><th colspan="4">2.2.1　职业基本素质课程规范</th></tr>
<tr><th>职业功能模块（模块）</th><th>培训内容（课程）</th><th>培训细目</th><th>学习单元</th><th>课程内容</th><th>培训建议</th><th>课堂学时</th></tr>
<tr><td rowspan="11">3. 起重机基础知识</td><td rowspan="11">3-1　起重机结构</td><td rowspan="11">（5）起重机液压系统组成及功能
（6）起重机电气控制系统组成及功能
（7）起重机安全防护装置组成及功能</td><td rowspan="3">（4）认识起重机工作装置</td><td>2）变幅机构认知
①变幅机构组成及功能
②变幅机构关键零部件功能</td><td rowspan="3">（2）重点与难点：起重机工作装置结构组成及应用</td><td rowspan="3"></td></tr>
<tr><td>3）伸缩机构认知
①主起重伸臂、副起重伸臂组成及功能
②伸缩机构关键零部件功能</td></tr>
<tr><td>4）回转机构认知
①回转机构组成及功能
②回转机构关键零部件功能</td></tr>
<tr><td rowspan="2">（5）认识起重机液压系统</td><td>1）液压控制系统组成与功能</td><td rowspan="2">（1）方法：讲授法、演示法、练习法、讨论法
（2）重点与难点：起重机液压系统组成及功能</td><td rowspan="2">4</td></tr>
<tr><td>2）液压控制系统关键零部件功能</td></tr>
<tr><td rowspan="2">（6）认识起重机电气控制系统</td><td>1）电气控制系统分类、组成及功能</td><td rowspan="2">（1）方法：讲授法、演示法、练习法、讨论法
（2）重点与难点：起重机电气控制系统组成及功能</td><td rowspan="2">4</td></tr>
<tr><td>2）电气控制系统主要元器件功能</td></tr>
<tr><td rowspan="4">（7）认识起重机安全防护装置</td><td>1）力矩限制器的功能</td><td rowspan="4">（1）方法：讲授法、演示法、练习法、讨论法
（2）重点与难点：汽车吊安全防护装置的功能及使用方法</td><td rowspan="4">2</td></tr>
<tr><td>2）三圈保护器的功能及使用方法</td></tr>
<tr><td>3）高度限位器的功能及使用方法</td></tr>
<tr><td>4）急停、熄火装置认知</td></tr>
</table>

续表

<table>
<tr><th colspan="3">2.1.1 职业基本素质培训要求</th><th colspan="4">2.2.1 职业基本素质课程规范</th></tr>
<tr><th>职业功能模块（模块）</th><th>培训内容（课程）</th><th>培训细目</th><th>学习单元</th><th>课程内容</th><th>培训建议</th><th>课堂学时</th></tr>
<tr><td rowspan="4">3. 起重机基础知识</td><td rowspan="4">3-2 起重机维护与保养</td><td rowspan="4">（1）起重机常规维护保养的内容及意义
（2）润滑油、润滑脂的基础知识
（3）起重机作业机构润滑</td><td rowspan="4">常规维护与保养</td><td>1）常规维护与保养的内容及意义</td><td rowspan="4">（1）方法：讲授法、演示法、练习法、讨论法
（2）重点与难点：润滑油、润滑脂的规格、性能与应用</td><td rowspan="4">2</td></tr>
<tr><td>2）润滑油、润滑脂的规格、性能与应用</td></tr>
<tr><td>3）工作介质的检查与更换</td></tr>
<tr><td>4）机构润滑
①黄油枪的使用
②起重机作业机构润滑</td></tr>
<tr><td rowspan="7">4. 安全文明生产与环境保护</td><td rowspan="7">4-1 安全文明生产</td><td rowspan="7">（1）穿戴劳动防护用品
（2）起重机安全操作规程
（3）通道使用
（4）识别起重作业指挥信号</td><td rowspan="3">（1）安全操作规程</td><td>1）劳动防护用品的分类</td><td rowspan="3">（1）方法：讲授法、演示法
（2）重点与难点：安全操作意识的养成</td><td rowspan="3">2</td></tr>
<tr><td>2）劳动保护用品的穿戴规范</td></tr>
<tr><td>3）起重机安全操作规程</td></tr>
<tr><td rowspan="2">（2）通道的使用</td><td>1）起重机上、下车通道的使用</td><td rowspan="2">（1）方法：讲授法、讨论法
（2）重点与难点：通道与安全之间的关系</td><td rowspan="2">1</td></tr>
<tr><td>2）起重机维护、保养通道的使用</td></tr>
<tr><td rowspan="2">（3）起重作业指挥信号</td><td>1）指挥信号的分类及作用</td><td rowspan="2">（1）方法：讲授法、演示法、练习法、讨论法
（2）重点与难点：指挥信号的识别及响应</td><td rowspan="2">2</td></tr>
<tr><td>2）指挥信号的识别及响应</td></tr>
</table>

续表

<table>
<tr><td colspan="3">2.1.1 职业基本素质培训要求</td><td colspan="4">2.2.1 职业基本素质课程规范</td></tr>
<tr><td>职业功能模块（模块）</td><td>培训内容（课程）</td><td>培训细目</td><td>学习单元</td><td>课程内容</td><td>培训建议</td><td>课堂学时</td></tr>
<tr><td rowspan="13">4. 安全文明生产与环境保护</td><td rowspan="10">4-1 安全文明生产</td><td rowspan="10">（5）设置和撤除安全警示牌
（6）登高作业的安全防护
（7）使用消防器材
（8）紧急逃生与救护</td><td rowspan="3">（4）安全警示牌的设置和撤除</td><td>1）安全警示牌的分类及作用</td><td rowspan="3">（1）方法：讲授法、演示法、实训法
（2）重点与难点：安全警示牌的设置方法</td><td rowspan="3">1</td></tr>
<tr><td>2）设置安全警示牌</td></tr>
<tr><td>3）撤除安全警示牌</td></tr>
<tr><td rowspan="2">（5）登高作业的安全防护</td><td>1）登高作业安全防护规范</td><td rowspan="2">（1）方法：讲授法、演示法、实训法
（2）重点与难点：登高作业安全防护器具的使用</td><td rowspan="2">1</td></tr>
<tr><td>2）登高作业安全防护器具的使用</td></tr>
<tr><td rowspan="3">（6）消防器材的使用</td><td>1）消防器材的分类及功能</td><td rowspan="3">（1）方法：讲授法、演示法、实训法
（2）重点与难点：使用消防器材进行消防演练</td><td rowspan="3">1</td></tr>
<tr><td>2）消防器材的使用方法及技巧</td></tr>
<tr><td>3）使用消防器材进行消防演练</td></tr>
<tr><td rowspan="2">（7）紧急逃生与救护</td><td>1）突发情况的种类</td><td rowspan="2">（1）方法：讲授法、演示法、实训法
（2）重点与难点：紧急逃生的方法及救护措施</td><td rowspan="2">1</td></tr>
<tr><td>2）紧急逃生的方法及演练
3）紧急救护的措施</td></tr>
<tr><td rowspan="3">4-2 环境保护知识</td><td rowspan="3">（1）处置蓄电池电解液
（2）处置废弃油品
（3）作业噪声污染</td><td rowspan="3">环境保护知识</td><td>1）处置蓄电池电解液</td><td rowspan="3">（1）方法：讲授法、演示法、讨论法
（2）重点与难点：环保意识的养成</td><td rowspan="3">1</td></tr>
<tr><td>2）处置废弃油品</td></tr>
<tr><td>3）预防作业噪声污染</td></tr>
</table>

续表

2.1.1 职业基本素质培训要求			2.2.1 职业基本素质课程规范			
职业功能模块（模块）	培训内容（课程）	培训细目	学习单元	课程内容	培训建议	课堂学时
5. 相关法律、法规知识	相关法律、法规知识	(1)《中华人民共和国道路交通安全法》相关知识 (2)《特种设备安全监察条例》相关知识 (3)《中华人民共和国环境保护法》相关知识 (4)《中华人民共和国安全生产法》相关知识 (5)《中华人民共和国消防法》相关知识 (6)《中华人民共和国劳动合同法》相关知识	相关法律、法规知识	1)《中华人民共和国道路交通安全法》相关知识 2)《特种设备安全监察条例》相关知识 3)《中华人民共和国环境保护法》相关知识 4)《中华人民共和国安全生产法》相关知识 5)《中华人民共和国消防法》相关知识 6)《中华人民共和国劳动合同法》相关知识	(1) 方法：讲授法、讨论法 (2) 重点：法律、法规意识的养成	1
课堂学时合计						64

附录 2 五级 / 初级职业技能培训要求与课程规范对照表

2.1.2 五级 / 初级职业技能培训要求				2.2.2 五级 / 初级职业技能培训课程规范			
职业功能模块（模块）	培训内容（课程）	技能目标	培训细目	学习单元	课程内容	培训建议	课堂学时
1. 起重机操作	1-1 环境识别与安全防护	1-1-1 能识别作业危险因素	(1) 识别作业空间危险 (2) 识别作业地面危险 (3) 识别常见危险品危险 (4) 识别作业天气及能见度危险	(1) 环境识别	1) 识别作业空间因素 如高架动力线、蒸汽管线、天然气管线、水管、电话线等 2) 识别作业地面危险因素 如不平或不坚实的地面、周围建筑物、同时施工的设备、容器、树木等 3) 识别常见危险品危险因素 如煤气瓶、氧气瓶、乙炔瓶等易燃易爆物料 4) 识别作业天气及能见度危险因素 如大雨、大雪、大雾、雾霾、照明条件差等环境识别	(1) 方法：讲授法、讨论法 (2) 重点：起重作业危险因素种类 (3) 难点：起重作业危险因素的识别	1

续表

2.1.2 五级 / 初级职业技能培训要求				2.2.2 五级 / 初级职业技能培训课程规范			
职业功能模块（模块）	培训内容（课程）	技能目标	培训细目	学习单元	课程内容	培训建议	课堂学时
1. 起重机操作	1-1 环境识别与安全防护	1-1-2 能对作业危险因素进行防护	（1）作业空间的安全防护 （2）作业地面的安全防护 （3）常见危险品的安全防护 （4）作业天气及能见度的安全防护	（2）安全防护	1）作业空间的安全防护 如起重机与输电线的最小距离防护等	（1）方法：讲授法 （2）重点与难点：根据作业环境条件对起重作业实施安全防护	2
					2）作业地面的安全防护 如起重作业场地要求及障碍物等		
					3）常见危险品的安全防护		
					4）作业天气及能见度的安全防护		
	1-2 作业前检查	1-2-1 能识别规则重物重量并确认其重心	（1）识别规则重物重量 （2）确认规则重物重心	（1）规则重物重量识别及重心确认	1）识别规则重物重量	（1）方法：讲授法、讨论法 （2）重点与难点：规则重物重量及重心的确认	2
					2）确认规则重物重心		
		1-2-2 能检查起重机外观及连接件完好性	（1）检查起重机的外观 （2）各连接件螺栓的扭矩要求 （3）检查各连接件有无松动	（2）检查外观及连接件	1）检查外观 ①零部件无破损 ②气动系统、液压系统、冷却系统、燃油系统无明显渗漏	（1）方法：讲授法、讨论法、演示法、实训法 （2）重点与难点：检查易见部位连接件	1
					2）检查易见部位连接件 ①连接件无明显松动 ②连接状况良好（未脱落）		
		1-2-3 能检查燃油、润滑油、液压油、冷却水的加注情况	（1）燃油、润滑油、液压油、冷却水的加注标准 （2）检查燃油、润滑油、液压油、冷却水液位	（3）检查油、液	1）燃油的加注标准及检查方法	（1）方法：讲授法、讨论法、演示法、实训法 （2）重点与难点：燃油、润滑油、液压油、冷却水液位的检查及加注	1
					2）润滑油的加注标准及检查方法		
					3）液压油的加注标准及检查方法		
					4）冷却水的加注标准及检查方法		

续表

2.1.2 五级 / 初级职业技能培训要求				2.2.2 五级 / 初级职业技能培训课程规范			
职业功能模块（模块）	培训内容（课程）	技能目标	培训细目	学习单元	课程内容	培训建议	课堂学时
1. 起重机操作	1–2 作业前检查	1–2–4 能检查承载部件良好性、可靠性	（1）检查钢丝绳是否有断丝、断股、磨损、锈蚀等，判断是否需要更换 （2）检查吊钩转锁回转是否自如、防脱绳装置是否正常 （3）检查卷筒及滑轮上钢丝绳有无跳槽、脱槽情况	（4）检查承载部件	1）检查钢丝绳外观 2）检查吊钩功能及外观 3）检查滑轮组件的功能及外观 4）检查卷扬减速机及防脱绳装置	（1）方法：讲授法、演示法、实训法 （2）重点与难点：承载部件外观及功能的检查方法	1
		1–2–5 能检查操纵件及指示器工作状况	（1）各操作手柄挡位、开关、仪表 （2）检查转速表、机油压力表、水温表、燃油表、气压表的功能完好性	（5）检查操纵件及指示器	1）检查操纵件 ①检查电源总开关 ②检查各操作按钮 ③检查绝缘保护 ④检查各操作手柄 2）检查指示器 ①检查转速表 ②检查机油压力表 ③检查水温表 ④检查燃油表 ⑤检查气压表 ⑥检查各指示灯	（1）方法：讲授法、讨论法、演示法、实训法 （2）重点：各操纵件、指示器的识别 （3）难点：操纵件及指示器工作状况的检查方法	1
		1–2–6 能检查安全装置良好性、可靠性	（1）检查力矩限制器的良好性、可靠性 （2）检查运动限制器的良好性、可靠性	（6）检查安全装置	1）检查力矩限制器 ①力矩限制器组件的检查 ②力矩限制器良好性的检查 2）检查运动限制器 ①高度限位器功能检查 ②三圈保护器功能检查	（1）方法：讲授法、讨论法、演示法、实训法 （2）重点与难点：安全装置良好性、安全性的检查方法	2

续表

2.1.2 五级 / 初级职业技能培训要求				2.2.2 五级 / 初级职业技能培训课程规范			
职业功能模块（模块）	培训内容（课程）	技能目标	培训细目	学习单元	课程内容	培训建议	课堂学时
1. 起重机操作	1–2 作业前检查	1–2–7 能检查警示标识及消防器材配置完整性	（1）警示标识及消防器材的配置要求 （2）规范使用警示标识 （3）规范使用消防器材	（7）检查警示标识及消防器材	1）警示标识的配置要求及使用规范 2）消防器材的配置要求及使用规范	（1）方法：讲授法、演示法、讨论法 （2）重点：警示标识及消防器材的配置要求 （3）难点：警示标识及消防器材的使用规范	1
		1–2–8 能规范填写记录本	（1）记录本的格式 （2）规范填写记录本 （3）规范更改记录本	（8）规范填写记录本	1）记录本的格式 2）记录本的填写要求 3）记录本的更改要求	（1）方法：讲授法、练习法 （2）重点与难点：记录本的规范填写	1
	1–3 作业中操作	1–3–1 能识读技术参数及额定起重量图表	（1）识读技术参数 （2）识读额定起重量图表	（1）识读性能图表	1）额定起重量图表的类别 2）识读额定起重量图表 包括额定起重量、工作幅度、载荷质量、起重臂结构等	（1）方法：讲授法、演示法 （2）重点与难点：额定起重量图表的识读方法	1
		1–3–2 能规范使用吊具	规范使用常用吊具	（2）使用吊具	1）常用吊具的种类 2）常用吊具的使用方法及注意事项	（1）方法：讲授法、演示法、实训法 （2）重点与难点：吊具的规范使用	1
		1–3–3 能按规定程序起动起重机	（1）按规定上车 （2）按规定下车 （3）常温下起动起重机 （4）低温下起动起重机	（3）起动起重机	1）按规定上、下车 2）起重机常温起动程序 3）起重机低温起动程序	（1）方法：讲授法、讨论法、演示法、实训法 （2）重点与难点：起重机起动的程序	2

续表

<table>
<tr><th colspan="4">2.1.2 五级 / 初级职业技能培训要求</th><th colspan="4">2.2.2 五级 / 初级职业技能培训课程规范</th></tr>
<tr><th>职业功能模块（模块）</th><th>培训内容（课程）</th><th>技能目标</th><th>培训细目</th><th>学习单元</th><th>课程内容</th><th>培训建议</th><th>课堂学时</th></tr>
<tr><td rowspan="20">1. 起重机操作</td><td rowspan="20">1-3 作业中操作</td><td rowspan="2">1-3-4 能规范操作取力装置</td><td rowspan="2">规范操作取力器</td><td rowspan="2">（4）操作取力装置</td><td>1）取力器的功能</td><td rowspan="2">（1）方法：讲授法、演示法、实训法
（2）重点与难点：取力器操作方法及注意事项</td><td rowspan="2">1</td></tr>
<tr><td>2）取力器操作方法及注意事项</td></tr>
<tr><td rowspan="5">1-3-5 能完成起重机支腿收放及水平调整</td><td rowspan="5">（1）规范操作起重机水平支腿和垂直支腿
（2）正确识读水平仪
（3）水平调整起重机</td><td rowspan="5">（5）操作起重机支腿</td><td>1）操作支腿盘</td><td rowspan="5">（1）方法：讲授法、演示法、实训法
（2）重点：水平支腿和垂直支腿的操作方法
（3）难点：起重机的水平调整方法</td><td rowspan="5">2</td></tr>
<tr><td>2）操作水平支腿和垂直支腿</td></tr>
<tr><td>3）操作支腿销</td></tr>
<tr><td>4）水平仪的作用及识读方法</td></tr>
<tr><td>5）整机的水平调整</td></tr>
<tr><td rowspan="4">1-3-6 能规范操作起重机工作装置</td><td rowspan="4">（1）规范操作起升机构
（2）规范操作主臂变幅机构
（3）规范操作主臂伸缩机构
（4）规范操作回转机构</td><td rowspan="4">（6）操作工作装置</td><td>1）操作起升机构</td><td rowspan="4">（1）方法：讲授法、演示法、实训法
（2）重点与难点：工作装置的安全操作方法</td><td rowspan="4">16</td></tr>
<tr><td>2）操作变幅机构</td></tr>
<tr><td>3）操作伸缩机构</td></tr>
<tr><td>4）操作回转机构</td></tr>
<tr><td rowspan="2">1-3-7 能完成规则重物起重作业</td><td rowspan="2">（1）挂吊钩
（2）重物离地
（3）空中转运
（4）重物下落</td><td rowspan="2">（7）规则重物起重作业</td><td>1）起重作业的程序和方法
①挂吊钩
②重物离地
③空中转运
④重物下落</td><td rowspan="2">（1）方法：讲授法、演示法、实训法
（2）重点与难点：起重作业的程序和方法</td><td rowspan="2">16</td></tr>
<tr><td>2）起重作业的注意事项</td></tr>
</table>

续表

<table>
<tr><th colspan="4">2.1.2　五级 / 初级职业技能培训要求</th><th colspan="4">2.2.2　五级 / 初级职业技能培训课程规范</th></tr>
<tr><th>职业功能模块（模块）</th><th>培训内容（课程）</th><th>技能目标</th><th>培训细目</th><th>学习单元</th><th>课程内容</th><th>培训建议</th><th>课堂学时</th></tr>
<tr><td rowspan="5">1. 起重机操作</td><td rowspan="5">1-4　收车及交接</td><td rowspan="3">1-4-1　能规范完成收车</td><td rowspan="3">（1）各工作装置的规范收车
（2）停机收车</td><td rowspan="5">收车及交接</td><td>1）各工作装置的收车规范</td><td rowspan="5">（1）方法：讲授法、演示法、实训法
（2）重点：停机收车操作
（3）难点：各工作装置的规范收车</td><td rowspan="5">2</td></tr>
<tr><td>2）停机收车操作</td></tr>
<tr><td>3）收车注意事项</td></tr>
<tr><td rowspan="2">1-4-2　能规范填写工作日志，履行交接班程序</td><td rowspan="2">（1）规范填写工作日志
（2）规范履行交接班程序</td><td>4）工作日志的填写要求</td></tr>
<tr><td>5）交接班的程序和要求</td></tr>
<tr><td rowspan="8">2. 起重机维护与保养</td><td rowspan="8">2-1　起重机检查与维护</td><td rowspan="2">2-1-1　能按规定对电气元件进行日常检查与更换</td><td rowspan="2">（1）易损坏电气元件日常检查
（2）更换易损坏电气元件</td><td rowspan="2">（1）电气部分的日常检查与更换</td><td>1）易损坏电气元件类别
如熔断器、照明灯泡、继电器、按钮开关等</td><td rowspan="2">（1）方法：讲授法、演示法、实训法
（2）重点与难点：易损坏电气元件日常检查与更换方法</td><td rowspan="2">2</td></tr>
<tr><td>2）易损坏电气元件日常检查与更换方法</td></tr>
<tr><td rowspan="3">2-1-2　能按规定对操纵室进行检查与调整</td><td rowspan="3">（1）检查与调整紧固元件
（2）检查与调整窗、门锁开关功能
（3）检查与调整刮水器动作</td><td rowspan="3">（2）操纵室的检查与调整</td><td>1）检查与调整紧固元件</td><td rowspan="3">（1）方法：讲授法、演示法、实训法
（2）重点与难点：简单机械元件的日常检查与调整方法</td><td rowspan="3">1</td></tr>
<tr><td>2）检查与调整窗、门锁开关</td></tr>
<tr><td>3）检查与调整刮水器</td></tr>
<tr><td rowspan="3">2-1-3　能按规定对液压元件进行日常检查与更换</td><td rowspan="3">（1）检查与处理液压管路漏油现象
（2）检查与处理管夹松动现象
（3）检查与处理管路老化、扭曲和损坏现象</td><td rowspan="3">（3）液压部分的日常检查与更换</td><td>1）液压管路漏油的检查与处理</td><td rowspan="3">（1）方法：讲授法、演示法、实训法
（2）重点与难点：简单液压管路日常检查与更换方法</td><td rowspan="3">2</td></tr>
<tr><td>2）管夹松动的检查与更换</td></tr>
<tr><td>3）管路的检查与更换
①管路老化
②管路扭曲
③管路损坏</td></tr>
</table>

续表

2.1.2 五级 / 初级职业技能培训要求				2.2.2 五级 / 初级职业技能培训课程规范			
职业功能模块（模块）	培训内容（课程）	技能目标	培训细目	学习单元	课程内容	培训建议	课堂学时
2. 起重机维护与保养	2-2 设备保养	2-2-1 能按规定对起重机机构进行润滑保养	（1）明确机构润滑保养的位置 （2）机构润滑保养	（1）机构润滑保养	1）机构润滑保养的位置 ①齿轮、轴承 ②回转支承、机构各铰点轴 ③钢丝绳、滑轮、支腿、伸缩臂各滑块及滑道表面 ④转向节、转向摇臂、转向拉杆等铰点	（1）方法：讲授法、演示法、实训法 （2）重点与难点：润滑保养位置的确定及润滑保养方法	4
					2）机构润滑保养方法		
		2-2-2 能更换液压油	（1）确认液压油箱在整机上的位置 （2）正确更换液压油	（2）更换液压油	1）确认液压油箱在整机上的位置	（1）方法：讲授法、实训法、演示法 （2）重点与难点：液压油的更换方法	1
					2）液压油的更换方法及注意事项		
课堂学时合计							64

附录 3　四级 / 中级职业技能培训要求与课程规范对照表

2.1.3 四级 / 中级职业技能培训要求				2.2.3 四级 / 中级职业技能培训课程规范			
职业功能模块（模块）	培训内容（课程）	技能目标	培训细目	学习单元	课程内容	培训建议	课堂学时
1. 起重机操作	1-1 环境识别与安全防护	1-1-1 能识别作业危险因素	（1）识别地面工程结构危险因素 （2）识别空中设施危险因素 （3）识别危险化学品、腐蚀性物品危险因素 （4）识别恶劣气候环境等危险因素	（1）环境识别	1）识别地面工程结构危险因素	（1）方法：讲授法 （2）重点与难点：起重作业危险因素的识别	1
					2）识别空中设施危险因素 如无线电、电磁信号等环境干扰		
					3）识别危险化学品、腐蚀性物品等危险因素		
					4）识别恶劣气候环境等危险因素		

续表

<table>
<tr><th colspan="4">2.1.3 四级 / 中级职业技能培训要求</th><th colspan="4">2.2.3 四级 / 中级职业技能培训课程规范</th></tr>
<tr><th>职业功能模块（模块）</th><th>培训内容（课程）</th><th>技能目标</th><th>培训细目</th><th>学习单元</th><th>课程内容</th><th>培训建议</th><th>课堂学时</th></tr>
<tr><td rowspan="10">1. 起重机操作</td><td rowspan="4">1-1 环境识别与安全防护</td><td rowspan="4">1-1-2 能对作业危险因素采取与安全防护措施</td><td rowspan="4">（1）地面工程结构的安全防护
（2）空中设施的安全防护
（3）危险化学品、腐蚀性物品的安全防护
（4）恶劣气候环境下的安全防护</td><td rowspan="4">（2）安全防护</td><td>1）地面工程结构的安全防护
①斜坡及沟渠处作业
②地面工程结构认知</td><td rowspan="4">（1）方法：讲授法、演示法、讨论法
（2）重点与难点：根据起重作业环境条件对起重作业实施安全防护</td><td rowspan="4">2</td></tr>
<tr><td>2）空中设施的安全防护
①发射塔附近作业危险
②高频射线的危险
③意外触碰架空电线</td></tr>
<tr><td>3）危险化学品、腐蚀性物品的安全防护</td></tr>
<tr><td>4）恶劣气候环境下作业的安全防护
①强风下作业的安全防护
②地震、冰雪、火灾、水灾等环境下起重作业的安全防护</td></tr>
<tr><td rowspan="6">1-2 作业前检查</td><td rowspan="2">1-2-1 能检查结构件外观变形、损伤、锈蚀、开焊</td><td rowspan="2">（1）认识结构件外观变形、损伤、锈蚀、开焊的危害性
（2）检查结构件外观变形、损伤、锈蚀、开焊情况</td><td rowspan="2">（1）检查结构件外观</td><td>1）结构件外观变形、损伤、锈蚀、开焊的危害</td><td rowspan="2">（1）方法：讲授法、演示法、讨论法
（2）重点与难点：结构件外观检查方法</td><td rowspan="2">1</td></tr>
<tr><td>2）结构件外观变形、损伤、锈蚀、开焊的检查</td></tr>
<tr><td rowspan="2">1-2-2 能选择吊具、索具，并与重物匹配</td><td rowspan="2">（1）辨识吊具、索具承载能力
（2）选择与重物匹配的吊具、索具</td><td rowspan="2">（2）选择吊具、索具</td><td>1）吊具、索具承载能力的辨识</td><td rowspan="2">（1）方法：讲授法、演示法、讨论法
（2）重点与难点：吊具、索具与重物匹配的判断</td><td rowspan="2">1</td></tr>
<tr><td>2）根据重物特点合理选择吊具、索具</td></tr>
<tr><td rowspan="2">1-2-3 能检查取力装置的运行状态</td><td rowspan="2">（1）认知取力装置的结构原理
（2）检查取力装置运行状态</td><td rowspan="2">（3）检查取力装置</td><td>1）取力装置的工作原理</td><td rowspan="2">（1）方法：讲授法、演示法、实训法
（2）重点与难点：取力装置运行状态的检查方法</td><td rowspan="2">2</td></tr>
<tr><td>2）取力啮合状况的检查与判断</td></tr>
</table>

续表

<table>
<tr><th colspan="4">2.1.3 四级 / 中级职业技能培训要求</th><th colspan="4">2.2.3 四级 / 中级职业技能培训课程规范</th></tr>
<tr><th>职业功能模块（模块）</th><th>培训内容（课程）</th><th>技能目标</th><th>培训细目</th><th>学习单元</th><th>课程内容</th><th>培训建议</th><th>课堂学时</th></tr>
<tr><td rowspan="8">1. 起重机操作</td><td rowspan="8">1–2 作业前检查</td><td rowspan="4">1–2–4 能检查回转机构的运行状态</td><td rowspan="4">（1）检查回转制动器制动性能
（2）检查回转减速器回转平顺性</td><td rowspan="4">（4）检查回转机构</td><td>1）检查回转制动器制动性能</td><td rowspan="4">（1）方法：讲授法、演示法、实训法
（2）重点与难点：回转机构运行状态的检查方法</td><td rowspan="4">2</td></tr>
<tr><td>2）检查齿轮油油量</td></tr>
<tr><td>3）检查齿轮箱外观</td></tr>
<tr><td>4）检查回转减速器与回转支承的啮合</td></tr>
<tr><td rowspan="2">1–2–5 能检查变幅机构的运行状态</td><td rowspan="2">（1）检查变幅油缸外观
（2）检查变幅机构铰点</td><td rowspan="2">（5）检查变幅机构</td><td>1）检查变幅泊缸外观
①检查变幅油缸工作状况
②检查管路及接头状况</td><td rowspan="2">（1）方法：讲授法、演示法、实训法
（2）重点：变幅机构运行状态的检查方法</td><td rowspan="2">1</td></tr>
<tr><td>2）检查变幅机构铰点
①检查铰点轴挡板状况
②检查铰点异响状况</td></tr>
<tr><td rowspan="2">1–2–6 能检查起重臂机构的运行状态</td><td rowspan="2">（1）检查起重臂主臂
（2）检查起重臂伸缩机构</td><td rowspan="2">（6）检查起重臂机构</td><td>1）检查起重臂
①起重臂尾部与转台连接件的检查
②起重臂运动表面磨损情况的检查
③铰点异响的检查
④起重臂臂头滑块间隙的检查</td><td rowspan="2">（1）方法：讲授法、演示法、实训法
（2）重点与难点：起重臂伸缩机构运行状态的检查方法</td><td rowspan="2">4</td></tr>
<tr><td>2）检查起重臂伸缩机构
①起重臂伸缩油缸动作状态的检查
②起重臂伸缩油缸渗、漏油情况的检查
③起重臂伴缩油缸油管接头的检查
④起重臂拉索的检查</td></tr>
</table>

续表

<table>
<tr><th colspan="4">2.1.3 四级 / 中级职业技能培训要求</th><th colspan="4">2.2.3 四级 / 中级职业技能培训课程规范</th></tr>
<tr><th>职业功能模块（模块）</th><th>培训内容（课程）</th><th>技能目标</th><th>培训细目</th><th>学习单元</th><th>课程内容</th><th>培训建议</th><th>课堂学时</th></tr>
<tr><td rowspan="9">1. 起重机操作</td><td rowspan="4">1–2 作业前检查</td><td rowspan="4">1–2–7 能检查起升机构的运行状态</td><td rowspan="4">（1）检查卷扬制动器制动性能
（2）检查卷扬减速机
（3）检查吊钩
（4）检查钢丝绳固定装置</td><td rowspan="4">（7）检查起升机构</td><td>1）检查卷扬制动器制动性能</td><td rowspan="4">（1）方法：讲授法、演示法、实训法
（2）重点与难点：起升机构运行状态的检查方法</td><td rowspan="4">4</td></tr>
<tr><td>2）检查起升机构减速机
①起升机构卷扬的检查
②齿轮油油量的检查
③卷扬钢丝绳缠绕状态的检查</td></tr>
<tr><td>3）检查吊钩
①吊钩外观尺寸及变形量的检查
②吊钩横梁摆动情况的检查
③吊钩与横梁之间连接情况的检查
④吊钩防脱器变形情况的检查
⑤吊钩滑轮回转情况的检查
⑥滑轮支架和护罩的检查</td></tr>
<tr><td>4）检查钢丝绳固定装置
①钢丝绳绳套楔子位置的检查
②钢丝绳和绳套连接情况的检查
③钢丝绳绳套轴销和锁套的检查
④卷扬机构钢丝绳绳套轴销和锁套的检查</td></tr>
<tr><td rowspan="5">1–3 作业中操作</td><td rowspan="3">1–3–1 能选择起重作业位置</td><td rowspan="3">（1）确认汽车吊回转中心
（2）确认起重作业位置</td><td rowspan="3">（1）选择起重作业位置</td><td>1）确认起重机回转中心</td><td rowspan="3">（1）方法：讲授法、演示法
（2）重点与难点：起重作业位置的选择方法</td><td rowspan="3">2</td></tr>
<tr><td>2）检查起重臂起落及回转半径内障碍</td></tr>
<tr><td>3）根据回转中心选择起重作业位置</td></tr>
<tr><td rowspan="2">1–3–2 能使用力矩限制器</td><td rowspan="2">（1）力矩限制器功能查询
（2）使用力矩限制器进行作业参数设置</td><td rowspan="2">（2）操作力矩限制器</td><td>1）力矩限制器功能查询</td><td rowspan="2">（1）方法：讲授法、演示法、实训法
（2）重点：力矩限制器功能查询方法
（3）难点：使用力矩限制器进行作业参数设置</td><td rowspan="2">2</td></tr>
<tr><td>2）使用力矩限制器进行作业参数设置</td></tr>
</table>

续表

2.1.3 四级 / 中级职业技能培训要求				2.2.3 四级 / 中级职业技能培训课程规范			
职业功能模块（模块）	培训内容（课程）	技能目标	培训细目	学习单元	课程内容	培训建议	课堂学时
1. 起重机操作	1–3 作业中操作	1–3–3 能调整钢丝绳倍率	（1）在不同工况下选择钢丝绳倍率 （2）调整钢丝绳倍率 （3）安装钢丝绳与楔套	（3）调整钢丝绳倍率	1）起重量与钢丝绳倍率的关系 2）起重臂臂长、起升高度与钢丝绳倍率的关系 3）钢丝绳与楔套的安装方法及注意事项 4）钢丝绳倍率调整训练	（1）方法：讲授法、演示法、实训法 （2）重点：钢丝绳倍率调整 （3）难点：钢丝绳倍率的设定方法	3
		1–3–4 能安装副起重臂、副钩	（1）副起重臂与主起重臂的连接 （2）调整副臂角度 （3）安装及使用副钩	（4）安装副起重臂、副钩	1）连接副起重臂与主起重臂 2）调整副起重臂角度 3）安装及使用副钩	（1）方法：讲授法、演示法、实训法 （2）重点与难点：副起重臂、副钩的安装与调整方法	3
		1–3–5 能安装平衡重（油缸在主机上）	（1）安装平衡重 （2）固定平衡重	（5）安装平衡重	1）平衡重安装顺序 2）平衡重底座的定位与调整 3）平衡重挂接操作 4）平衡重的固定	（1）方法：讲授法、演示法、实训法 （2）重点：平衡重挂接操作 （3）难点：平衡重安装顺序	3
		1–3–6 能操作起重机进行复合动作起重作业	（1）伸缩和起升作业操作 （2）回转和起升作业操作 （3）变幅和起升作业操作	（6）复合动作起重作业	1）复合动作的操作训练 ①伸缩和起升 ②回转和起升 ③变幅和起升 2）复合动作操作的注意事项	（1）方法：讲授法、演示法、实训法 （2）重点与难点：复合动作的操作方法	8

续表

<table>
<tr><th colspan="4">2.1.3 四级 / 中级职业技能培训要求</th><th colspan="4">2.2.3 四级 / 中级职业技能培训课程规范</th></tr>
<tr><th>职业功能模块（模块）</th><th>培训内容（课程）</th><th>技能目标</th><th>培训细目</th><th>学习单元</th><th>课程内容</th><th>培训建议</th><th>课堂学时</th></tr>
<tr><td rowspan="4">1. 起重机操作</td><td rowspan="2">1–3 作业中操作</td><td rowspan="2">1–3–7 能操作起重机拆垛、堆垛</td><td rowspan="2">（1）拆垛作业起重操作
（2）堆垛作业起重操作</td><td rowspan="2">（7）拆垛、堆垛起重作业</td><td>1）拆垛、堆垛起重作业操作方法</td><td rowspan="2">（1）方法：讲授法、演示法、实训法
（2）重点与难点：拆垛、堆垛起重作业操作方法</td><td rowspan="2">8</td></tr>
<tr><td>2）拆垛、堆垛起重作业注意事项</td></tr>
<tr><td rowspan="2">1–4 作业后检查</td><td rowspan="2">能检查作业后起重机外观变化</td><td rowspan="2">检查作业后起重机外观变化</td><td rowspan="2">检查作业后起重机外观</td><td>1）检查结构件外观损伤</td><td rowspan="2">（1）方法：讲授法、讨论法
（2）重点与难点：起重作业后外观变化检查方法</td><td rowspan="2">1</td></tr>
<tr><td>2）检查漏油、漏水、漏气情况</td></tr>
<tr><td rowspan="4">2. 起重机维护与保养</td><td rowspan="4">2–1 检查与维护</td><td rowspan="3">2–1–1 能对机械部分进行日常检查与调整</td><td rowspan="3">（1）主承载件紧固螺栓扭矩的检查与调整
（2）安全装置紧固螺栓扭矩的检查与调整
（3）关键零部件紧固螺栓扭矩的检查与调整</td><td rowspan="3">（1）机械部分的日常检查与调整</td><td>1）主承载件的检查与调整
如起升机构、变幅机构、伸缩机构、回转机构、支腿机构的连接销轴、连接板等螺栓</td><td rowspan="3">（1）方法：讲授法、演示法、实训法
（2）重点与难点：关键连接位置螺栓扭矩的检查与调整方法</td><td rowspan="3">4</td></tr>
<tr><td>2）安全装置的检查与调整
如制动器、吊钩轴端固定装置及闭锁防松装置的固定销轴、连接板螺栓等</td></tr>
<tr><td>3）关键零部件紧固螺栓扭矩的检查与调整
如起升减速机、回转减速机、回转支承、变幅油缸、阀、中心回转体、平衡重等</td></tr>
<tr><td>2–1–2 能对电气部分进行日常检查与更换</td><td>（1）检查与更换蓄电池</td><td>（2）电气部分的日常检查与更换</td><td>1）检查与更换蓄电池
①蓄电池亏电的检查
②更换蓄电池方法
③电路连接方法及注意事项
④搭接蓄电池起动方法及注意事项</td><td>（1）方法：讲授法、演示法、实训法
（2）重点与难点：简单电气元件日常检查与更换方法</td><td>2</td></tr>
</table>

续表

2.1.3 四级 / 中级职业技能培训要求				2.2.3 四级 / 中级职业技能培训课程规范			
职业功能模块（模块）	培训内容（课程）	技能目标	培训细目	学习单元	课程内容	培训建议	课堂学时
2. 起重机维护与保养	2-1 检查与维护	2-1-2 能对电气部分进行日常检查与更换	(2) 检查与更换绝缘电气线路 (3) 检查与更换电源总开关	(2) 电气部分的日常检查与更换	2）检查与更换绝缘电气线路 如绝缘保护破损、龟裂、烧焦等		
					3）检查与更换电源总开关		
		2-1-3 能调整伸缩臂钢丝绳松紧度	(1) 判断伸缩臂钢丝绳松紧度 (2) 调整伸缩臂钢丝绳松紧度	(3) 调整伸缩臂钢丝绳松紧度	1）调整伸缩臂钢丝绳松紧度的标准	(1) 方法：讲授法、演示法、实训法 (2) 重点与难点：调整伸缩臂钢丝绳松紧度的方法	2
					2）调整伸缩臂钢丝绳松紧度的方法		
					3）调整伸缩臂钢丝绳松紧度的注意事项		
	2-2 设备保养	2-2-1 能按规定对液压油箱及滤清器进行清理与更换	(1) 清理液压油箱 (2) 清理与更换液压系统吸油、回油滤清器	(1) 液压油箱及滤清器的保养	1）液压油箱的清理	(1) 方法：讲授法、演示法、实训法 (2) 重点与难点：液压油箱及滤清器的保养方法	2
					2）液压系统吸油、回油滤清器的清理或更换		
		2-2-2 能对发动机滤清器进行清理与更换	(1) 更换机油及滤清器 (2) 清理与更换燃油滤清器	(2) 发动机滤清器的保养	1）更换发动机滤清器 ①更换机油 ②更换滤清器	(1) 方法：讲授法、演示法、实训法 (2) 重点与难点：燃油滤清器的保养方法	2
					2）清理与更换燃油滤清器		
		2-2-3 能保养减速器	(1) 检查减速器运转状况 (2) 添加或更换润滑油	(3) 减速器的保养	1）检查减速器运转状况 如有无异常振动、漏油等	(1) 方法：讲授法、演示法 (2) 重点与难点：减速器的保养方法	2
					2）添加或更换减速器润滑油		

续表

<table>
<tr><th colspan="4">2.1.3　四级 / 中级职业技能培训要求</th><th colspan="4">2.2.3　四级 / 中级职业技能培训课程规范</th></tr>
<tr><th>职业功能模块（模块）</th><th>培训内容（课程）</th><th>技能目标</th><th>培训细目</th><th>学习单元</th><th>课程内容</th><th>培训建议</th><th>课堂学时</th></tr>
<tr><td rowspan="7">3. 起重机故障识别与处理</td><td rowspan="2">3-1　识别与处理轻微机械故障</td><td rowspan="2">能识别与处理轻微机械故障</td><td rowspan="2">（1）操纵装置失灵的识别与处理
（2）运动部件卡滞的识别与处理
（3）水平仪失效的识别与处理
（4）滑轮卡滞、异响的识别与处理
（5）压绳器不起作用的识别与处理</td><td rowspan="2">识别与处理轻微机械故障</td><td>1）轻微机械故障的种类
①操纵装置失灵
②运动部件卡滞
③水平仪失效
④滑轮卡滞、异响
⑤压绳器不起作用</td><td rowspan="2">（1）方法：讲授法、演示法、实训法
（2）重点与难点：轻微机械故障的识别与处理方法</td><td rowspan="2">2</td></tr>
<tr><td>2）轻微机械故障识别及处理
①操纵装置操作失灵的识别与处理
②运动部件卡滞的识别与处理
③水平仪失效的识别与处理
④滑轮卡滞、异响的识别与处理
⑤压绳器不起作用的识别与处理</td></tr>
<tr><td rowspan="5">3-2　识别与处理工作装置故障</td><td rowspan="2">3-2-1　能识别与处理支腿系统故障</td><td rowspan="2">（1）支腿安装故障的识别与处理
（2）支腿液压故障识别与处理</td><td rowspan="2">（1）识别与处理支腿系统故障</td><td>1）支腿安装故障的识别与处理
如水平支腿下挠故障等</td><td rowspan="2">（1）方法：讲授法、演示法、实训法
（2）重点与难点：支腿系统故障识别与处理方法</td><td rowspan="2">2</td></tr>
<tr><td>2）支腿液压故障的识别与处理
如垂直油缸自动缩回或伸出故障等</td></tr>
<tr><td rowspan="3">3-2-2　能识别工作装置故障</td><td rowspan="3">（1）起重臂不能伸出、缩回的故障识别
（2）变幅自动下降的故障识别
（3）伸缩机构阻力大的故障识别</td><td rowspan="3">（2）识别上车工作装置故障</td><td>1）起重臂故障识别
如不能伸出、缩回等</td><td rowspan="3">（1）方法：讲授法、演示法、实训法
（2）重点与难点：工作装置故障的识别方法</td><td rowspan="3">2</td></tr>
<tr><td>2）变幅故障识别
如自动下降等</td></tr>
<tr><td>3）伸缩机构故障识别
如阻力大、伸出困难等</td></tr>
</table>

续表

<table>
<tr><th colspan="4">2.1.3 四级/中级职业技能培训要求</th><th colspan="4">2.2.3 四级/中级职业技能培训课程规范</th></tr>
<tr><th>职业功能模块（模块）</th><th>培训内容（课程）</th><th>技能目标</th><th>培训细目</th><th>学习单元</th><th>课程内容</th><th>培训建议</th><th>课堂学时</th></tr>
<tr><td rowspan="7">3. 起重机故障识别与处理</td><td rowspan="7">3-3 识别与处理安全装置及液压、电气元件故障</td><td rowspan="5">3-3-1 能识别与处理安全装置及电气元件轻微故障</td><td rowspan="5">（1）高度限位器失灵的故障识别与处理
（2）三圈保护器失效的故障识别与处理
（3）电源指示灯异常的故障识别与处理
（4）三色警灯失效的故障识别与处理
（5）仪表盘故障指示的故障识别与处理</td><td rowspan="5">（1）识别与处理电气系统轻微故障</td><td>1）高度限位器失灵的故障识别与处理</td><td rowspan="5">（1）方法：讲授法、演示法、实训法
（2）重点与难点：电气系统故障判断方法</td><td rowspan="5">2</td></tr>
<tr><td>2）三圈保护器失效的故障识别与处理</td></tr>
<tr><td>3）电源指示灯异常的故障识别与处理</td></tr>
<tr><td>4）三色警灯失效故障识别与处理</td></tr>
<tr><td>5）仪表盘故障指示的故障识别与处理</td></tr>
<tr><td rowspan="2">3-3-2 能识别与处理简单液压元件轻微故障</td><td rowspan="2">（1）液压管路渗油、漏油故障的排除
（2）液压元件渗油、漏油故障的排除
（3）压力表失灵故障的排除</td><td rowspan="2">（2）识别与处理简单液压元件轻微故障</td><td>1）简单液压故障的种类
①液压管路渗油、漏油
②液压元件渗油、漏油
③压力表失灵</td><td rowspan="2">（1）方法：讲授法、演示法、实训法
（2）重点与难点：液压管路故障的排除方法</td><td rowspan="2">2</td></tr>
<tr><td>2）简单液压故障的排除
①液压管路渗油、漏油
②液压元件渗油、漏油
③压力表失灵</td></tr>
<tr><td colspan="7">课堂学时合计</td><td>72</td></tr>
</table>

附录 4 三级/高级职业技能培训要求与课程规范对照表

<table>
<tr><th colspan="4">2.1.4 三级/高级职业技能培训要求</th><th colspan="4">2.2.4 三级/高级职业技能培训课程规范</th></tr>
<tr><th>职业功能模块（模块）</th><th>培训内容（课程）</th><th>技能目标</th><th>培训细目</th><th>学习单元</th><th>课程内容</th><th>培训建议</th><th>课堂学时</th></tr>
<tr><td rowspan="4">1. 起重机操作</td><td rowspan="4">1-1 环境识别与安全防护</td><td rowspan="4">1-1-1 能识别作业危险因素</td><td rowspan="4">（1）识别地面环境危险因素
（2）识别特殊场所危险因素
（3）识别气候环境危险因素
（4）识别现场人员潜在危险因素</td><td rowspan="4">（1）环境识别</td><td>1）识别地面环境危险因素
①识别地面地质条件
②识别地面支撑能力</td><td rowspan="4">（1）方法：讲授法
（2）重点与难点：起重作业危险因素的识别</td><td rowspan="4">2</td></tr>
<tr><td>2）识别特殊场所危险因素
①空港、飞机、铁路、易燃易爆场所等作业环境识别
②识别影响视线的地面障碍物（无法直接观察被吊装重物的起重作业）</td></tr>
<tr><td>3）识别气候环境危险因素
如强风气候条件下的起重作业</td></tr>
<tr><td>4）识别现场人员危险因素
①配合起重作业人员的选择和资格要求
②其他外来人员、急救人员等出现在起重作业非安全区域，预防急救人员未到达起重作业现场等</td></tr>
</table>

续表

2.1.4 三级/高级职业技能培训要求				2.2.4 三级/高级职业技能培训课程规范			
职业功能模块（模块）	培训内容（课程）	技能目标	培训细目	学习单元	课程内容	培训建议	课堂学时
1. 起重机操作	1-1 环境识别与安全防护	1-1-2 能对作业危险因素采取安全防护措施	（1）地面环境的安全防护 （2）特殊场所的安全防护 （3）气候环境的安全防护 （4）现场人员的安全防护	（2）安全防护	1）地面环境安全防护 地面和支腿承载力计算（按厂家提供的操作说明书中的公式计算）	（1）方法：讲授法、演示法、讨论法 （2）重点与难点：根据起重作业环境条件实施安全防护	4
					2）特殊场所的安全防护 ①特殊场所（空港/飞机、铁路、易燃易爆场所等）起重作业管理规定 ②影响视线的地面障碍物操作防护（无法直接观察被吊装重物的起重作业）		
					3）气候环境的安全防护 ①物象风速表的使用 ②风速、风压的计算（按厂家提供的操作说明书公式计算）		
					4）现场人员的安全防护		
	1-2 作业前检查	1-2-1 能发现力矩限制器传感器的工作异常	（1）检查长度传感器 （2）检查角度传感器 （3）检查压力传感器	（1）检查力矩限制器等安全装置	1）力矩限制器的结构原理	（1）方法：讲授法、演示法、实训法 （2）重点：力矩限制器传感器的检查方法 （3）难点：了解力矩限制器的工作原理	4
					2）检查传感器功能 ①检查长度传感器功能 ②检查角度传感器功能 ③检查压力传感器功能		
		1-2-2 能检查钢丝绳的完好性	（1）检测钢丝绳直径 （2）检查钢丝绳磨损情况 （3）确认钢丝绳是否报废	（2）检查钢丝绳	1）钢丝绳报废标准	（1）方法：讲授法、演示法、实训法 （2）重点与难点：掌握钢丝绳报废标准	2
					2）检测钢丝绳直径		
					3）检查钢丝绳磨损情况		

续表

<table>
<tr><th colspan="4">2.1.4　三级 / 高级职业技能培训要求</th><th colspan="4">2.2.4　三级 / 高级职业技能培训课程规范</th></tr>
<tr><th>职业功能模块（模块）</th><th>培训内容（课程）</th><th>技能目标</th><th>培训细目</th><th>学习单元</th><th>课程内容</th><th>培训建议</th><th>课堂学时</th></tr>
<tr><td rowspan="20">1. 起重机操作</td><td rowspan="20">1-2　作业前检查</td><td rowspan="8">1-2-3　能检查单缸插销式起重臂的工作状态</td><td rowspan="8">（1）检查伸缩油缸轨道润滑情况
（2）检查伸缩油缸轨道滑块
（3）检查伸缩油缸缸销、臂销开关检测位置
（4）检查臂销螺栓防松装置
（5）检查伸缩油缸缸销、臂销运动动作
（6）检查起重臂滑块
（7）检查起重臂对中装置</td><td rowspan="8">（3）检查单缸插销式伸缩机构</td><td>1）单缸插销式伸缩机构组成与工作原理</td><td rowspan="8">（1）方法：讲授法、演示法、实训法
（2）重点：单缸插销式伸缩机构的检查方法
（3）难点：掌握单缸插销式伸缩机构组成与工作原理</td><td rowspan="8">8</td></tr>
<tr><td>2）伸缩油缸轨道润滑情况的检查</td></tr>
<tr><td>3）伸缩油缸轨道滑块的检查</td></tr>
<tr><td>4）伸缩油缸缸销、臂销开关检测位置的检查</td></tr>
<tr><td>5）臂销螺栓防松装置的检查</td></tr>
<tr><td>6）伸缩油缸缸销、臂销运动的检查</td></tr>
<tr><td>7）起重臂滑块的检查</td></tr>
<tr><td>8）起重臂对中装置的检查</td></tr>
<tr><td rowspan="6">1-2-4　能检查动力传动装置的运行状态</td><td rowspan="6">（1）检查发动机油位
（2）检查分动箱
（3）检查空滤器
（4）检查及清理散热器
（5）检查动力传动装置连接的可靠性</td><td rowspan="6">（4）检查动力传动装置</td><td>1）动力传动装置关键零部件组成与功能</td><td rowspan="6">（1）方法：讲授法、演示法、实训法
（2）重点：动力传动装置关键零部件的检查方法
（3）难点：动力传动装置关键零部件组成与功能</td><td rowspan="6">4</td></tr>
<tr><td>2）检查发动机油位</td></tr>
<tr><td>3）检查分动箱</td></tr>
<tr><td>4）检查空滤器</td></tr>
<tr><td>5）检查及清理散热器</td></tr>
<tr><td>6）检查动力传动装置连接的可靠性</td></tr>
<tr><td rowspan="6">1-2-5　能检查起重机辅助装置的运行状态</td><td rowspan="6">（1）检查平衡重油缸固定挂接点可靠性
（2）检查平衡重油缸空载动作
（3）检查操纵室翻转动作
（4）检查操纵室翻转油缸固定点可靠性
（5）检查回转机构液压锁止装置动作</td><td rowspan="6">（5）检查辅助装置</td><td>1）平衡重结构组成</td><td rowspan="6">（1）方法：讲授法、演示法、实训法
（2）重点与难点：辅助装置结构组成及空载动作检查</td><td rowspan="6">2</td></tr>
<tr><td>2）检查平衡重油缸固定挂接点</td></tr>
<tr><td>3）检查平衡重油缸空载动作</td></tr>
<tr><td>4）检查操纵室翻转动作</td></tr>
<tr><td>5）检查操纵室翻转油缸固定点</td></tr>
<tr><td>6）检查回转机构液压锁止装置动作</td></tr>
</table>

续表

<table>
<tr><th colspan="4">2.1.4 三级 / 高级职业技能培训要求</th><th colspan="4">2.2.4 三级 / 高级职业技能培训课程规范</th></tr>
<tr><th>职业功能模块（模块）</th><th>培训内容（课程）</th><th>技能目标</th><th>培训细目</th><th>学习单元</th><th>课程内容</th><th>培训建议</th><th>课堂学时</th></tr>
<tr><td rowspan="14">1. 起重机操作</td><td rowspan="14">1-3 作业中操作</td><td rowspan="2">1-3-1 能对单缸插销式起重机进行空载操作</td><td rowspan="2">（1）选择单缸插销式起重机起重作业工况
（2）单缸插销式起重机空载操作</td><td rowspan="2">（1）单缸插销式起重机空载操作</td><td>1）选择单缸插销式起重机起重作业工况
①识读不同伸臂、不同平衡重组合额定起重量图表
②根据起重作业需求，选择使用额定起重量图表
③设置起重作业工况</td><td rowspan="2">（1）方法：讲授法、演示法、实训法
（2）重点：单缸插销式起重机手动及自动操作方法
（3）难点：伸臂组合技术参数及额定起重量图表的识读</td><td rowspan="2">8</td></tr>
<tr><td>2）单缸插销式起重机空载操作
①手动缸销的操作
②手动臂销的操作
③单缸插销式起重臂臂位的寻位操作
④单缸插销式起重臂自动操作</td></tr>
<tr><td rowspan="4">1-3-2 能拆装并操作起重机辅助装置</td><td rowspan="4">（1）拆装起重机辅助装置
（2）操作起重机辅助装置</td><td rowspan="4">（2）拆装及操作辅助装置</td><td>1）平衡重（油缸在平衡重组件上）的安装、拆卸</td><td rowspan="4">（1）方法：讲授法、演示法、实训法
（2）重点与难点：起重机辅助装置的拆装方法</td><td rowspan="4">8</td></tr>
<tr><td>2）多节副臂的安装、拆卸</td></tr>
<tr><td>3）副起升机构的安装、拆卸及起重作业</td></tr>
<tr><td>4）辅助装置安装、拆卸注意事项</td></tr>
<tr><td rowspan="8">1-3-3 能对形状不规则重物进行起重作业</td><td rowspan="8">（1）识读重物安装图及施工设计方案
（2）确认形状不规则重物重心
（3）水平或垂直表面较大重物起重的作业
（4）长且柔性重物的起重作业
（5）重心不稳定重物起重作业</td><td rowspan="8">（3）特殊重物起重作业</td><td>1）识读重物安装图及施工设计方案</td><td rowspan="8">（1）方法：讲授法、演示法、讨论法、实训法
（2）重点：形状不规则重物起重作业操作方法
（3）难点：形状不规则重物起重作业方案的编制</td><td rowspan="8">16</td></tr>
<tr><td>2）编制简单起重作业方案</td></tr>
<tr><td>3）专用吊具、索具的性能参数选择及其使用</td></tr>
<tr><td>4）确认形状不规则重物重心</td></tr>
<tr><td>5）形状不规则重物起重作业注意事项</td></tr>
<tr><td>6）水平或垂直表面较大重物的起重作业</td></tr>
<tr><td>7）长且柔性重物起重作业</td></tr>
<tr><td>8）重心不稳定重物起重作业</td></tr>
</table>

续表

2.1.4 三级 / 高级职业技能培训要求				2.2.4 三级 / 高级职业技能培训课程规范			
职业功能模块（模块）	培训内容（课程）	技能目标	培训细目	学习单元	课程内容	培训建议	课堂学时
1. 起重机操作	1–3 作业中操作	1–3–4 遥控操作起重作业	（1）遥控器的结构及工作原理 （2）遥控操作起重作业	（4）遥控操作起重作业	1）遥控器的结构及工作原理 2）遥控器的充电或更换电池 3）遥控器的分类操作 4）遥控器的复合动作操作 5）遥控操作的安全注意事项 6）遥控器的失效及应急处理 7）遥控器的关闭及存放	（1）方法：讲授法、演示法、讨论法、实训法 （2）重点：遥控器的操作 （3）难点：遥控器的结构及工作原理	2
		1–3–5 能配合主起重机完成辅助起重作业	（1）识别起重作业旗语信号 （2）配合起吊同一重物辅助操作	（5）两台起重机配合进行辅助作业	1）识别起重作业旗语信号 2）配合起吊同一重物的安全防范措施 3）辅助起重作业任务的确认及同步操作 4）配合起吊同一重物的注意事项	（1）方法：讲授法、演示法、讨论法、实训法 （2）重点：配合起吊同一重物辅助作业操作方法 （3）难点：识别起重作业旗语信号	4
2. 起重机维护与保养	2–1 检查与维护	2–1–1 能对动力传动装置关键零部件连接螺栓拧紧力矩进行检查与调整	（1）检查与调整发动机主连接螺栓拧紧力矩 （2）检查与调整分动箱和发动机连接处螺栓拧紧力矩 （3）检查与调整减速机连接螺栓拧紧扭矩	（1）检查与调整动力传动装置	1）检查与调整发动机主连接螺栓拧紧力矩 2）检查与调整分动箱和发动机连接处螺栓拧紧力矩 3）检查与调整减速器连接螺栓拧紧扭矩	（1）方法：讲授法、演示法、实训法 （2）重点：动力传动装置连接螺栓拧紧力矩的检查与调整方法 （3）难点：动力传动装置连接螺栓拧紧力矩要求	2

续表

2.1.4 三级 / 高级职业技能培训要求				2.2.4 三级 / 高级职业技能培训课程规范			
职业功能模块（模块）	培训内容（课程）	技能目标	培训细目	学习单元	课程内容	培训建议	课堂学时
2. 起重机维护与保养	2-1 检查与维护	2-1-2 能对起重臂进行调整	（1）调整起重臂滑块间隙 （2）调整臂销螺栓拔插行程 （3）调整伸缩油缸缸销、臂销检测开关间隙 （4）调整伸缩油缸与起重臂滑道间隙 （5）调整起重臂对中装置	（2）调整起重臂	1）调整起重臂滑块间隙 2）调整臂销螺栓拔插行程 3）调整伸缩油缸缸销、臂销检测开关间隙 4）调整伸缩油缸与起重臂滑道间隙 5）调整起重臂对中装置	（1）方法：讲授法、演示法、实训法 （2）重点：伸缩机构的检查与调整方法 （3）难点：臂销螺栓拔插行程、伸缩油缸缸销和臂销检测开关间隙的检查与调整方法	8
		2-1-3 能对辅助元件进行检查与调整	（1）操纵室、平衡重油缸运行状态的检查与调整 （2）副起重臂安装连接尺寸的检查与调整	（3）检查与调整辅助元件	1）调整操纵室装置运动速度 2）调整平衡重油缸起升、下降的同步性 3）调整副起重臂的安装误差	（1）方法：讲授法、演示法、实训法 （2）重点：辅助元件的检查与调整方法 （3）难点：辅助元件检查标准的把握	4
	2-2 设备保养	2-2-1 能按规定对起重机油品质量进行检查	（1）起重机油品质量常规检查 （2）变质、污染等油品的检查	（1）检查油品质量	1）油品常规检查方法和要求 2）油品变质、污染等的检查	（1）方法：讲授法、讨论法 （2）重点与难点：油品质量检查方法和要求	2
		2-2-2 能保养集中润滑系统	（1）选择与加注集中润滑系统油品 （2）设定集中润滑系统时间 （3）清洁集中润滑系统管路	（2）集中润滑系统	1）集中润滑系统结构 2）选择与加注集中润滑系统油品 3）集中润滑系统时间设定 4）集中润滑系统管路清洁	（1）方法：讲授法、演示法、实训法 （2）重点与难点：集中润滑系统保养方法 （3）难点：集中润滑系统结构及工作原理	2

续表

2.1.4 三级 / 高级职业技能培训要求				2.2.4 三级 / 高级职业技能培训课程规范			
职业功能模块（模块）	培训内容（课程）	技能目标	培训细目	学习单元	课程内容	培训建议	课堂学时
3. 起重机故障识别与处理	3-1 故障识别	3-1-1 能识别工作装置一般故障	（1）识别回转机构故障 （2）识别起升机构故障 （3）识别变幅机构故障	（1）识别工作装置故障	1）回转抖动故障的识别	（1）方法：讲授法、讨论法、案例教学法 （2）重点与难点：工作装置一般故障识别方法	8
					2）卷扬制动器失效识别		
					3）卷扬减速机乱绳现象识别		
					4）回转制动器失效识别		
					5）变幅抖动故障的识别		
					6）回转支承异常识别		
		3-1-2 能识别单缸插销式起重臂故障	（1）识别缸销或臂销无法正常插拔的故障 （2）识别伸缩缸无法找到臂位的故障	（2）识别单缸插销式起重臂故障	1）识别缸销或臂销无法正常插拔的故障	（1）方法：讲授法、讨论法、案例教学法 （2）重点与难点：单缸插销式起重臂伸缩故障识别方法	4
					2）识别伸缩缸无法找到臂位的故障		
		3-1-3 能识别上车电气系统故障	（1）常用电气测量工具的使用 （2）根据力矩限制器系统故障显示识别故障 （3）识别操作手柄（电气）失灵故障	（3）识别上车电气系统故障	1）常用电气测量工具的使用	（1）方法：讲授法、实物示教法、案例教学法 （2）重点与难点：上车电气系统故障识别方法	8
					2）识别操作手柄（电气）失灵故障		
					3）根据力矩限制器系统故障显示识别故障		
	3-2 故障处理	3-2-1 能处理机械元件一般故障	（1）处理滑轮工作异常故障 （2）处理托辊工作异常故障 （3）处理吊钩磨损故障	（1）处理机械元件一般故障	1）处理滑轮工作异常故障	（1）方法：讲授法、讨论法、案例教学法 （2）重点与难点：机械元件一般故障的处理方法	3
					2）处理托辊工作异常故障		
					3）处理吊钩磨损故障		
		3-2-2 能排除液压元件一般故障	（1）常用液压测量工具的使用 （2）处理液压缸、液压锁内滞、卡滞故障等	（2）处理液压元件一般故障	1）常用液压测量工具的使用方法	（1）方法：讲授法、实物示教法、案例教学法 （2）重点与难点：液压元件一般故障的处理方法	4
					2）处理液压缸、液压锁内泄故障		
					3）处理液压缸、液压锁卡滞故障		

续表

2.1.4 三级 / 高级职业技能培训要求				2.2.4 三级 / 高级职业技能培训课程规范			
职业功能模块（模块）	培训内容（课程）	技能目标	培训细目	学习单元	课程内容	培训建议	课堂学时
3. 起重机故障判断与处理	3-2 故障处理	3-2-3 能排除电气元件一般故障	（1）处理传感器无信号故障 （2）处理接近开关、运动限制器零部件故障 （3）处理电磁阀工作异常故障	（3）处理电气元件一般故障	1）处理传感器无信号故障 2）处理接近开关、运动限制器零部件故障 3）处理电磁阀工作异常故障	（1）方法：讲授法、案例教学法 （2）重点与难点：电气元件一般故障的处理方法	3
课堂学时合计							112

附录 5 二级 / 技师职业技能培训要求与课程规范对照表

2.1.5 二级 / 技师职业技能培训要求				2.2.5 二级 / 技师职业技能培训课程规范			
职业功能模块（模块）	培训内容（课程）	技能目标	培训细目	学习单元	课程内容	培训建议	课堂学时
1. 起重机操作	1-1 作业前检查	1-1-1 能进行超起装置起重作业前检查	（1）检查超起装置连接部件、结构件 （2）检查超起装置电气元件及安全防护装置 （3）设置及确认超起装置作业工况	（1）检查超起装置	1）检查超起装置的连接部件及结构件 2）检查超起装置的电气元件及安全防护装置 3）设置及确认超起装置作业工况	（1）方法：讲授法、演示法、练习法 （2）重点：超起安全防护装置的检查 （3）难点：超起装置作业工况的设置及确认	2
		1-1-2 能进行变幅副臂装置起重作业前检查	（1）检查变幅副臂装置的连接部件、结构件及电气元件 （2）检查变幅副臂装置的安全防护装置 （3）设置及确认变幅副臂装置作业工况	（2）检查变幅副臂装置	1）检查变幅副臂装置的连接部件及结构件 2）检查变幅副臂装置的电气元件及安全防护装置 3）设置及确认变幅副臂装置作业工况	（1）方法：讲授法、演示法、案例教学法 （2）重点：变幅副臂安全防护装置的检查方法 （3）难点：变幅副臂装置作业工况的设置及确认	2

续表

<table>
<tr><th colspan="4">2.1.5 二级 / 技师职业技能培训要求</th><th colspan="4">2.2.5 二级 / 技师职业技能培训课程规范</th></tr>
<tr><th>职业功能模块（模块）</th><th>培训内容（课程）</th><th>技能目标</th><th>培训细目</th><th>学习单元</th><th>课程内容</th><th>培训建议</th><th>课堂学时</th></tr>
<tr><td rowspan="12">1. 起重机操作</td><td rowspan="12">1–2 作业中操作</td><td rowspan="3">1–2–1 能对超起装置进行安装与调试</td><td rowspan="3">（1）安装超起装置
（2）调试超起装置</td><td rowspan="3">（1）超起装置的安装与调试</td><td>1）超起装置的结构及工作原理</td><td rowspan="3">（1）方法：讲授法、演示法、观摩法
（2）重点：超起装置的安装及调试方法
（3）难点：超起装置的结构及工作原理</td><td rowspan="3">8</td></tr>
<tr><td>2）安装超起装置
①安装内容
②安装方法</td></tr>
<tr><td>3）调试超起装置
①调试步骤
②调试方法</td></tr>
<tr><td rowspan="3">1–2–2 能对变幅副臂装置进行安装与调试</td><td rowspan="3">（1）安装变幅副臂装置
（2）调试变幅副臂装置</td><td rowspan="3">（2）变幅副臂装置的安装与调试</td><td>1）变幅副臂装置的结构及工作原理</td><td rowspan="3">（1）方法：讲授法、演示法、观摩法
（2）重点：变幅副臂装置的安装及调试方法
（3）难点：变幅副臂装置的结构及工作原理</td><td rowspan="3">8</td></tr>
<tr><td>2）安装变幅副臂装置
①安装内容
②安装方法</td></tr>
<tr><td>3）调试变幅副臂装置
①调试步骤
②调试方法</td></tr>
<tr><td rowspan="2">1–2–3 能操作带超起、变幅副臂装置的起重机进行起重作业</td><td rowspan="2">（1）主起重臂的起重作业
（2）带超起、变幅副臂装置的起重作业</td><td rowspan="2">（3）带超起、变幅副臂装置的起重机起重作业</td><td>1）主起重臂的起重作业
①主起重臂的变幅操作
②主起重臂的伸缩操作
③主起重臂的起升作业
④主起重臂的回转作业</td><td rowspan="2">（1）方法：讲授法、演示法、观摩法
（2）重点：主起重臂的起重作业
（3）难点：带超起、变幅副臂装置起重机的起重作业</td><td rowspan="2">12</td></tr>
<tr><td>2）带超起、变幅副臂装置的起重作业
①带超起装置的起重作业
②带变幅副臂装置的起重作业</td></tr>
<tr><td rowspan="3">1–2–4 能在两台起重机配合作业时完成主操作</td><td rowspan="3">（1）确认及控制作业重心
（2）起重任务的确认及同步操作的控制
（3）应急处理</td><td rowspan="3">（4）两台起重机配合起重作业主操作</td><td>1）确定重心及起重量分配</td><td rowspan="3">（1）方法：讲授法、讨论法、项目教学法
（2）重点：同步操作的控制
（3）难点：起重机作业异常的应急处理</td><td rowspan="3">4</td></tr>
<tr><td>2）起重任务的确认及同步操作的控制</td></tr>
<tr><td>3）起重机作业异常的应急处理</td></tr>
</table>

续表

2.1.5　二级 / 技师职业技能培训要求				2.2.5　二级 / 技师职业技能培训课程规范			
职业功能模块（模块）	培训内容（课程）	技能目标	培训细目	学习单元	课程内容	培训建议	课堂学时
1. 起重机操作	1-2　作业中操作	1-2-5　能进行全地面起重机带载行驶	（1）操作全地面起重机 （2）全地面起重机带载行驶	（5）全地面起重机带载行驶	1）底盘操作内容及方法 2）带载行驶注意事项 3）带载行驶应急处理措施	（1）方法：讲授法、演示法、观摩法 （2）重点：带载行驶注意事项 （3）难点：带载行驶应急处理措施	2
2. 起重机维护与保养	2-1　检查与维护	2-1-1　能调整起重机压力和电流参数	（1）调整压力参数 （2）调整电流参数	（1）调整压力和电流参数	1）调整压力参数 2）调整电流参数	（1）方法：讲授法、演示法、练习法 （2）重点与难点：压力和电流参数的调整方法	2
		2-1-2　能对起重臂、支腿滑块的间隙进行调整	（1）起重臂、支腿滑块间隙的测量 （2）起重臂、支腿滑块间隙的调整	（2）调整起重臂、支腿滑块的间隙	1）起重臂间隙的测量与调整 ①起重臂间隙的测量 ②起重臂间隙的调整 2）支腿间隙的测量与调整 ①支腿间隙的测量 ②支腿间隙的调整	（1）方法：讲授法、演示法、练习法 （2）重点：起重臂、支腿滑块间隙调整方法 （3）难点：起重臂、支腿滑块间隙测量方法	2
		2-1-3　能对回转啮合间隙进行测量与调整	（1）回转啮合间隙的测量 （2）回转啮合间隙的调整	（3）测量与调整回转啮合间隙	1）回转啮合间隙的标准 2）回转啮合间隙的测量方法 3）回转啮合间隙的调整方法	（1）方法：讲授法、演示法、实训法 （2）重点与难点：回转啮合间隙的检查与调整方法	4

续表

2.1.5 二级 / 技师职业技能培训要求				2.2.5 二级 / 技师职业技能培训课程规范			
职业功能模块（模块）	培训内容（课程）	技能目标	培训细目	学习单元	课程内容	培训建议	课堂学时
2. 起重机维护与保养	2-2 设备保养	2-2-1 能根据起重机使用情况提出金属结构防锈、防腐方案	（1）金属结构防锈 （2）金属结构防腐	（1）金属结构防锈、防腐	1）制定金属结构维护保养方案 2）金属结构防锈措施 3）金属结构防腐措施	（1）方法：讲授法、演示法、练习法 （2）重点：制定金属结构防锈、防腐方案 （3）难点：金属结构维护保养技术	2
		2-2-2 能对起重机关键部件进行保养	（1）超起装置的保养 （2）变幅副臂装置的保养	（2）关键部件保养	1）超起装置的日常保养 2）变幅副臂装置的日常保养	（1）方法：讲授法、演示法、实训法 （2）重点与难点：超起、变幅副臂装置的日常保养方法	2
3. 起重机故障识别与处理	3-1 故障识别	3-1-1 能识别液压泵、液压马达和液压阀等的运转状态	（1）识别液压泵运行状态 （2）识别液压马达运行状态 （3）识别液压阀工作状态	（1）识别液压元件运行状态	1）液压泵、液压马达和液压阀的结构及工作原理 2）识别液压泵运行状态 3）识别液压马达运行状态 4）识别液压阀工作状态	（1）方法：讲授法、演示法 （2）重点：液压泵、液压马达运行状态识别方法 （3）难点：液压阀工作状态识别方法	2
		3-1-2 能根据动力系统一般故障现象分析故障原因，编写故障分析报告	（1）识别动力系统一般故障现象	（2）动力系统一般故障识别及故障分析报告编写	1）动力系统一般故障现象确认及原因分析 ①动力系统零部件的工作原理 ②故障现象确认 ③故障原因调查 ④故障原因分析	（1）方法：讲授法、演示法、练习法 （2）重点：编写动力系统故障分析报告	4

续表

2.1.5　二级 / 技师职业技能培训要求				2.2.5　二级 / 技师职业技能培训课程规范			
职业功能模块（模块）	培训内容（课程）	技能目标	培训细目	学习单元	课程内容	培训建议	课堂学时
3. 起重机故障识别与处理	3-1　故障识别	3-1-2　能根据动力系统一般故障现象分析故障原因，编写故障分析报告	（2）编写故障分析报告	（2）动力系统一般故障识别及故障分析报告编写	2）编写动力系统一般故障分析报告 ①故障发生经过 ②故障原因分析 ③故障原因分类 ④预防措施	（3）难点：动力系统故障现象确认及原因分析	
		3-1-3　能识别电气控制系统状态	（1）检查控制器工作状态 （2）检查长度传感器、压力传感器、角度传感器、等力矩限制器元件的状态	（3）检查电气控制系统状态	1）检查控制器工作状态	（1）方法：讲授法、演示法 （2）重点：控制器工作状态检查 （3）难点：力矩限制器组成元件工作状态检查	2
					2）检查力矩限制器组成元件的工作状态 ①检查长度传感器工作状态 ②检查压力传感器工作状态 ③检查角度传感器工作状态		
	3-2　故障处理	3-2-1　能识读起重机液压、电气原理图	（1）识读起重机液压原理图 （2）识读起重机电气原理图	（1）识读液压、电气原理图	1）液压元件工作原理及图形符号	（1）方法：讲授法、演示法、练习法、讨论法 （2）重点与难点：起重机液压、电气原理图的识读方法	4
					2）电气元件工作原理及图形符号		
					3）根据起重机液压、电气原理图分析故障的步骤和方法		
		3-2-2　能处理油温过高故障	（1）油温过高故障现象确认 （2）油温过高故障原因调查 （3）油温过高故障原因分析 （4）油温过高故障处理	（2）处理油温过高故障	1）油温过高故障现象确认	（1）方法：讲授法、案例教学法、讨论法 （2）重点：油温过高故障原因分析 （3）难点：油温过高故障处理	4
					2）油温过高故障原因调查		
					3）油温过高故障原因分析		
					4）油温过高故障处理步骤和方法		

续表

2.1.5 二级 / 技师职业技能培训要求				2.2.5 二级 / 技师职业技能培训课程规范			
职业功能模块（模块）	培训内容（课程）	技能目标	培训细目	学习单元	课程内容	培训建议	课堂学时
3. 起重机故障识别与处理	3-2 起重机故障处理	3-2-3 能处理液压冲击故障	（1）液压冲击故障现象确认 （2）液压冲击故障原因调查 （3）液压冲击故障原因分析 （4）液压冲击故障处理	（3）处理液压冲击故障	1）液压冲击故障现象确认 2）液压冲击故障原因调查 3）液压冲击故障原因分析 4）液压冲击故障处理步骤和方法	（1）方法：讲授法、案例教学法、讨论法 （2）重点：系统液压冲击故障原因分析 （3）难点：系统液压冲击故障处理	2
		3-2-4 能进行常见疑难故障的分析处理	（1）整机无动作故障的分析处理 （2）压力不稳定故障的分析处理	（4）分析处理常见疑难故障	1）起重机常见疑难故障类型 ①整机无动作 ②压力不稳定 2）起重机常见疑难故障原因分析 3）起重机常见疑难故障处理方法 4）编写故障分析报告	（1）方法：讲授法、案例教学法、讨论法、项目教学法 （2）重点与难点：常见疑难故障处理	2
4. 技术革新	4-1 新机试验及老机评估	4-1-1 能对新机进行试验	（1）新机作业性能试验 （2）新机液压及电气控制系统测试 （3）撰写新机试验报告	（1）新机试验	1）新机作业性能试验 ①基本臂性能试验 ②中长臂性能试验 ③最长主臂性能试验 ④主臂仰角 50° 臂性能试验 ⑤副臂性能试验 2）新机液压及电气控制系统测试 3）撰写新机试验报告	（1）方法：讲授法、演示法、观摩法 （2）重点：新机作业可靠性试验 （3）难点：新机液压及电气控制系统试验	4
		4-1-2 能对老机进行评估	（1）结构件疲劳强度试验 （2）起重作业性能评估	（2）老机评估	1）结构件疲劳强度试验 2）起重作业性能评估	（1）方法：讲授法、案例教学法、讨论法 （2）重点与难点：起重作业性能评估	2

续表

2.1.5 二级 / 技师职业技能培训要求				2.2.5 二级 / 技师职业技能培训课程规范			
职业功能模块（模块）	培训内容（课程）	技能目标	培训细目	学习单元	课程内容	培训建议	课堂学时
4. 技术革新	4–2 制定起重作业方案和工装改进	4–2–1 能制定起重作业方案	（1）起重作业方案的计算 （2）制定单台起重机起重作业方案	（1）制定起重作业方案	1）确定起重作业工艺涵盖的要素 2）起重作业工艺计算 ①受力分析与计算 ②人力、机具需求计算 3）制定单台起重机起重作业方案	（1）方法：讲授法、案例教学法、讨论法、项目教学法、练习法 （2）重点：制定起重作业工艺 （3）难点：起重作业工艺计算	4
		4–2–2 能对特殊重物的吊具功能进行改造	（1）分析重物特殊性及起重作业影响因素 （2）特殊重物工装的设计与改进 （3）设备改造方案的验证	（2）吊具功能改造	1）重物特殊性及起重作业影响因素分析 2）制定吊具功能改造方案 3）设备改造方案评审及风险分析	（1）方法：讲授法、案例教学法、练习法、讨论法 （2）重点：适用于特殊重物的吊具功能改造 （3）难点：作业对象对起重作业影响因素分析	4
5. 培训与管理	5–1 技术培训	5–1–1 能编写培训教案、制作培训课件	（1）编写培训教案 （2）制作培训课件	（1）编写培训教案和制作课件	1）编写培训教案 ①确定培训目标 ②选择培训方法 ③设计培训资源 ④设计培训环节 ⑤设计培训评价 2）制作培训课件	（1）方法：讲授法、案例教学法、讨论法、项目教学法、练习法 （2）重点：编写培训教案 （3）难点：制作培训课件	2

续表

2.1.5 二级 / 技师职业技能培训要求				2.2.5 二级 / 技师职业技能培训课程规范			
职业功能模块（模块）	培训内容（课程）	技能目标	培训细目	学习单元	课程内容	培训建议	课堂学时
5. 培训与管理	5-1 技术培训	5-1-2 能对三级 / 高级工及以下学员进行起重作业培训指导	（1）三级 / 高级工及以下学员起重作业指导 （2）超起、变幅副臂装置的安装指导	（2）起重作业培训指导	1）指导三级 / 高级工及以下学员起重作业 2）超起、变幅副臂装置的安装指导	（1）方法：讲授法、案例教学法、讨论法、项目教学法、练习法 （2）重点：指导高级及以下学员的起重作业 （3）难点：超起、变幅副臂装置的安装指导	2
	5-2 机务管理	5-2-1 能制订起重机保养与维修计划	（1）制订起重机保养计划 （2）制订起重机维修计划	（1）制订保养与维修计划	1）制订保养计划 ①保养内容 ②制订保养计划的方法 2）制订维修计划	（1）方法：讲授法、案例教学法、讨论法、项目教学法、练习法 （2）重点与难点：制订保养与维修计划的方法	2
		5-2-2 能制定起重机拆装、装运管理方法	（1）大型起重机需拆装、运输部件的界定 （2）拆卸与固定零部件 （3）制定起重机拆装、装运管理办法	（2）制定起重机拆装、装运管理办法	1）需拆装、运输大型起重机部件的界定 2）集装箱装运知识 3）拆卸零部件方法 4）拆卸零部件运输固定工装设计 5）拆卸零部件安装说明书的编制 6）编制起重机拆装、装运管理运行办法	（1）方法：讲授法、案例教学法、讨论法、项目教学法、练习法 （2）重点：起重机拆装、装运管理办法的编制方法 （3）难点：不同运输方式的方案确定	2

续表

2.1.5 二级 / 技师职业技能培训要求				2.2.5 二级 / 技师职业技能培训课程规范			
职业功能模块（模块）	培训内容（课程）	技能目标	培训细目	学习单元	课程内容	培训建议	课堂学时
5. 培训与管理	5-2 机务管理	5-2-3 能对项修后的起重机进行技术评定和验收	（1）项修后的起重机技术评定 （2）项修后的起重机技术验收	（3）项修后的设备技术评定和验收	1）项修后的设备验收内容和标准	（1）方法：讲授法、案例教学法、讨论法、项目教学法 （2）重点：项修后的设备技术评定方法和步骤 （3）难点：项修后的设备验收	2
					2）项修后的设备技术评定方法和步骤		
		5-2-4 能对起重机及作业人员进行管理	（1）起重机管理 （2）起重作业人员管理	（4）设备及作业人员管理	1）起重机设备管理 ①起重机基础管理 ②起重机使用管理 ③起重机维护保养管理	（1）方法：讲授法、案例教学法 （2）重点：起重机管理 （3）难点：起重作业人员管理	2
					2）起重作业人员管理		
课堂学时合计							96

附录 6　一级 / 高级技师职业技能培训要求与课程规范对照表

2.1.6 一级 / 高级技师职业技能培训要求				2.2.6 一级 / 高级技师职业技能培训课程规范			
职业功能模块（模块）	培训内容（课程）	技能目标	培训细目	学习单元	课程内容	培训建议	课堂学时
1. 起重机操作	1-1 作业中操作	1-1-1 能操作起重机完成大型重物的起重作业	（1）大型重物起重作业应急预案演练 （2）重大危险风险评估及预防 （3）风电、石化、桥梁等大型产物的起重作业	（1）大型重物的起重作业	1）制定大型重物起重作业应急预案 如风电、石化、桥梁等	（1）方法：讲授法、观摩法、讨论法 （2）重点：风电、石化、桥梁等重物的起重作业 （3）难点：重大危险风险评估及预防措施	4
					2）组织应急预案演练		
					3）重大危险风险评估及预防		
					4）大型重物的起重作业 如风电、石化、桥梁等		

续表

2.1.6 一级 / 高级技师职业技能培训要求				2.2.6 一级 / 高级技师职业技能培训课程规范			
职业功能模块（模块）	培训内容（课程）	技能目标	培训细目	学习单元	课程内容	培训建议	课堂学时
1. 起重机操作	1-1 作业中操作	1-1-2 能组织两台以上起重机联合起重作业	（1）多机起重作业起重能力匹配 （2）多机起重作业起重位置布置 （3）多机起重作业安全指挥信号应用	（2）多机（两台以上）联合起重作业	1）多机配合起重作业起重量的分配 2）制定多机配合起重作业方案 3）起重作业人员的培训 4）安全警示及防护装置的设置 5）多机配合起重作业主操作	（1）方法：讲授法、观摩法、讨论法 （2）重点：多机配合起重作业方案的制定 （3）难点：多机配合起重作业主操作	4
	1-2 指挥起重作业	能对起重作业进行指挥	（1）起重机现场布置 （2）起重作业位置确认 （3）起重作业人员的选择及演练	指挥起重作业	1）起重作业的场地布置 2）重物重心及吊具的匹配确认 3）起重作业人员能力的确认 4）起重作业操作注意事项及风险防范 5）起重作业的现场指挥	（1）方法：讲授法、观摩法、讨论法 （2）重点：起重作业风险防范 （3）难点：起重作业的指导	4
2. 起重机维护与保养	2-1 检查与维护	2-1-1 能依据技术要求，调整、标定起重机相关操作参数	（1）调整、标定、压力、电流等参数 （2）调整、标定传感器参数	（1）标定相关操作参数	1）参数标准 ①压力、电流等 ②传感器等 2）压力、电流等参数的调整、标定方法 3）传感器参数的调整、标定方法	（1）方法：讲授法、演示法、练习法、讨论法、实物示教法 （2）重点：压力、流量、传感器等参数的调整、标定方法 （3）难点：压力、流量、传感器等参数标准	4

续表

2.1.6 一级 / 高级技师职业技能培训要求				2.2.6 一级 / 高级技师职业技能培训课程规范			
职业功能模块（模块）	培训内容（课程）	技能目标	培训细目	学习单元	课程内容	培训建议	课堂学时
2. 起重机维护与保养	2-1 检查与维护	2-1-2 能指导技师以下司机进行整机关键性能（稳定性、强度性能）的测试与调整，并提出改进建议	（1）起重机强度性能测试与优化 （2）起重机稳定性测试与优化	（2）测试与优化整机关键性能	1）整机强度、稳定性测试方法 2）编制整机强度、稳定性试验方案	（1）方法：讲授法、讨论法、项目教学法 （2）重点：整机性能测试与调整训练 （3）难点：整机性能测试方法	4
		2-1-3 能进行力矩限制器参数（长度、角度、质量）的校准	（1）力矩限制器长度的校准 （2）力矩限制器角度的校准 （3）力矩限制器质量的校准	（3）校准力矩限制器参数	1）力矩限制器校验标准 2）力矩限制器参数校准 ①长度 ②角度 ③质量	（1）方法：讲授法、演示法、练习法、讨论法 （2）重点：力矩限制器参数调整、校准 （3）难点：力矩限制器校验标准	4
		2-1-4 能拆卸、安装起重机各总成并进行检查	（1）拆装伸臂总成 （2）拆装支腿总成 （3）拆装超起装置 （4）拆装塔臂 （5）检查主要部件性能	（4）拆卸、安装各总成并检查	1）主要部件性能检查标准 2）主要部件拆装规范及安装工艺要求 如伸臂总成、支腿总成、超起装置、塔臂装置等	（1）方法：讲授法、讨论法、案例教学法 （2）重点：各总成件的检查 （3）难点：各总成件的拆装	4
	2-2 设备保养	能根据设备结构创新保养方式	（1）应用创新工具 （2）研究先进保养方法	创新保养方式	1）常规保养方法存在的问题分析 2）国际先进的保养方法研究 3）创新工具应用 4）创新保养方法的应用事例分析 5）创新保养方法的应用实验 ①适应性实验 ②实用性实验	（1）方法：讲授法、案例教学法、讨论法 （2）重点：创新保养方法的应用 （3）难点：创新保养方法的研究	2

续表

2.1.6 一级 / 高级技师职业技能培训要求				2.2.6 一级 / 高级技师职业技能培训课程规范			
职业功能模块（模块）	培训内容（课程）	技能目标	培训细目	学习单元	课程内容	培训建议	课堂学时
3. 起重机故障诊断与处理	3-1 故障识别	3-1-1 能协助诊断系统振动和噪声故障	（1）协助诊断伸缩系统振动故障 （2）协助诊断伸缩系统噪声故障	（1）伸缩系统振动和噪声故障识别	1）伸缩系统振动故障现象的确认	（1）方法：讲授法、案例教学法 （2）重点与难点：系统振动、噪声故障识别方法	3
					2）伸缩系统振动故障原因分析		
					3）伸缩系统噪声故障的确认		
					4）伸缩系统噪声故障原因分析		
		3-1-2 能协助诊断起重机重大技术难题	（1）协助诊断卷扬系统失速现象 （2）协助诊断卷扬系统抖动现象	（2）卷扬系统失速和抖动的故障识别	1）卷扬系统失速的分析确认	（1）方法：讲授法、案例教学法 （2）重点与难点：卷扬系统故障识别方法	3
					2）卷扬系统抖动的分析确认		
		3-1-3 能判定金属结构局部变形	（1）检测金属结构局部变形 （2）识别金属结构局部变形	（3）判定金属结构局部变形	1）金属结构局部变形的检测方法	（1）方法：讲授法、参观法、观摩法、讨论法 （2）重点与难点：金属结构局部变形的检测方法	4
					2）金属结构局部变形的识别		
	3-2 故障处理	3-2-1 能协助排除系统振动和噪声故障	（1）协助排除伸缩系统振动故障 （2）协助排除伸缩系统噪声故障	（1）伸缩系统振动和噪声故障处理	1）伸缩系统振动故障处理步骤与方法	（1）方法：讲授法、案例教学法 （2）重点与难点：系统振动、噪声故障的处理方法	4
					2）伸缩系统噪声故障处理步骤与方法		

续表

2.1.6　一级 / 高级技师职业技能培训要求				2.2.6　一级 / 高级技师职业技能培训课程规范			
职业功能模块（模块）	培训内容（课程）	技能目标	培训细目	学习单元	课程内容	培训建议	课堂学时
3. 起重机故障识别与处理	3-2　故障处理	3-2-2　能协助排除起重机技术难题	（1）协助排除卷扬系统失速故障 （2）协助排除卷扬系统抖动故障	（2）卷扬系统故障处理	1）卷扬系统失速故障处理	（1）方法：讲授法、案例教学法 （2）重点与难点：卷扬系统失速、抖动故障的处理方法	4
					2）卷扬系统抖动故障处理		
					3）编写故障分析报告		
		3-2-3　能修复金属结构局部变形，并能分析故障原因	（1）修复金属结构局部变形 （2）检测金属结构件修复后的性能	（3）修复金属结构局部变形	1）金属结构局部变形的修复方法	（1）方法：讲授法、参观法、观摩法、讨论法 （2）重点与难点：金属结构修复后的性能标定试验	4
					2）金属结构修复后的性能标定试验		
4. 技术革新	4-1　设备更新	4-1-1　能提出新型起重机产品质量改进建议	（1）起重机产品常见质量问题分析 （2）提出产品质量改进建议 （3）参与新产品试验验证	（1）主机产品改进建议	1）提出产品改进建议	（1）方法：讲授法、讨论法、案例教学法 （2）重点：产品质量改进建议 （3）难点：产品质量改进验证	2
					2）参与新产品研发技术方案研讨		
					3）形成新产品改进分析报告		
					4）参与新产品试验		
		4-1-2　能检测部件的使用价值，对部件实施替换和更新	（1）起重机部件检测及报废 （2）起重机部件替换与更新	（2）部件检测及替换、更新	1）部件报废标准	（1）方法：讲授法、练习法、讨论法 （2）重点：部件替换、更新 （3）难点：部件检测及报废判定	2
					2）部件检测与判定		
					3）部件替换与更新试验		

续表

2.1.6 一级 / 高级技师职业技能培训要求				2.2.6 一级 / 高级技师职业技能培训课程规范			
职业功能模块（模块）	培训内容（课程）	技能目标	培训细目	学习单元	课程内容	培训建议	课堂学时
4. 技术革新	4-1 设备更新	4-1-3 能根据新材料、新能源发展，创新制定设备改造方案	（1）新材料、新能源在起重机行业发展动态 （2）新材料、新能源在起重机上的改造应用	（3）新技术在起重机改造上的应用	1）新技术、新材料、新工艺、新能源在起重机上的应用	（1）方法：讲授法、讨论法、案例教学法 （2）重点：制定设备改造方案 （3）难点：设备改造技术及成本分析	2
					2）起重机改造技术及成本分析		
					3）利用新技术制定设备改造方案案例		
					4）改造方案评审及试验验证		
		4-1-4 能对承载后整机稳定性进行计算	（1）计算力矩 （2）计算压强 （3）计算接地比压 （4）测量稳定性相关数据 （5）计算承载后整理机稳定性	（4）承载后整机稳定性的计算	1）稳定性计算准则	（1）方法：讲授法、练习法、讨论法 （2）重点与难点：承载后整机稳定性计算方法	4
					2）稳定性验算条件		
					3）稳定性验算 ①力矩计算方法 ②压强计算方法 ③接地比压计算方法		
					4）整机稳定性计算数据测量及承载后整机稳定性计算		
	4-2 制定转场方案与撰写技术总结	4-2-1 能根据铁路、公路、船舶等有关规定，制定起重机转场技术方案	（1）制定起重机铁路转场方案 （2）制定起重机公路转场方案 （3）制定起重机船舶转场方案 （4）制定起重机桥梁通过方案	（1）制定起重机转场方案	1）制定起重机铁路转场方案	（1）方法：讲授法、案例教学法、讨论法 （2）重点：起重机在铁路、公路、船舶等相应场所转场方案制定方法 （3）难点：起重机在铁路、公路、船舶等相应场所转场规范	4
					2）制定起重机公路转场方案		
					3）制定起重机船舶转场方案		
					4）制定起重机桥梁通过方案		

续表

2.1.6　一级／高级技师职业技能培训要求				2.2.6　一级／高级技师职业技能培训课程规范			
职业功能模块（模块）	培训内容（课程）	技能目标	培训细目	学习单元	课程内容	培训建议	课堂学时
4. 技术革新	4-2　制定转场方案与撰写技术总结	4-2-2　能编写设备技术总结，撰写技术论文	（1）编写设备技术总结 （2）撰写技术论文	（2）撰写技术总结或相关论文	1）论文结构	（1）方法：讲授法、练习法、讨论法 （2）重点：论文撰写方法 （3）难点：论文评审要求	2
					2）技术改进、故障排除等相关总结或论文案例分析		
					3）撰写论文注意事项		
					4）论文评审要求		
5. 培训与管理	5-1　技术培训	5-1-1　能对汽车吊司机进行技术培训	（1）培训前准备 （2）培训实施 （3）培训评价	（1）技术培训	1）学员水平能力调查分析	（1）方法：讲授法、演示法、练习法、讨论法 （2）重点：汽车吊司机培训实施 （3）难点：培训评价	2
					2）培训课程及设备等资源准备		
					3）培训教师的选拔及培养 ①培训教师的选拔 ②培训讲义或课程开发 ③授课技巧培训		
					4）培训实施		
					5）培训评价 ①培训试卷编制及审核 ②满意度调查问卷 ③过程评价及绩效（跟踪）评价		
		5-1-2　能合作开发教学实习设备	（1）编写教学实习设备技术文件 （2）教学实习设备试验与验收	（2）合作开发教学实习设备	1）编写教学实习设备技术文件	（1）方法：讲授法、案例教学法、讨论法 （2）重点与难点：协助设计与制作教学实习设备	2
					2）协助设计与制作教学实习设备		
					3）教学实习设备试验与验收		

续表

2.1.6 一级/高级技师职业技能培训要求				2.2.6 一级/高级技师职业技能培训课程规范			
职业功能模块（模块）	培训内容（课程）	技能目标	培训细目	学习单元	课程内容	培训建议	课堂学时
5. 培训与管理	5-1 技术培训	5-1-3 能在作业中应用推广新技术、新设备、新标准	（1）新技术在起重作业中的应用 （2）新设备在起重作业中的应用 （3）新标准在起重作业中的应用	（3）新技术、新设备、新标准在起重作业中的应用	1）新技术、新设备、新标准识别及搜集	（1）方法：讲授法、案例教学法、讨论法 （2）重点与难点：新技术、新设备、新标准的转化应用	2
					2）新技术、新设备、新标准消化吸收、转化应用案例分析		
		5-1-4 能制订培训计划、编写培训总结	（1）根据学员能力水平，确定培训课程 （2）制订培训计划 （3）编写培训总结	（4）培训管理	1）培训计划要素 ①培训人数、培训目标 ②培训课程安排及培训费用核算 ③培训师资、设备及场地 ④培训管理制度及评价方法等	（1）方法：讲授法、练习法、讨论法 （2）重点：培训计划的制订和培训总结的编写 （3）难点：确定培训计划、培训总结涉及的要素及内容	2
					2）编制培训计划案例		
					3）培训实施过程管理		
					4）培训总结改进 ①培训目标实现情况 ②培训创新内容 ③培训过程存在问题 ④培训改进措施		
		5-1-5 能对汽车吊司机进行系统操作指导	（1）起重作业关键技能点指导 （2）起重作业示范及操作要领讲解	（5）起重作业操作指导	1）起重作业操作关键技能点的指导	（1）方法：讲授法、演示法、实训法、讨论法 （2）重点与难点：起重作业操作技能点讲解与示范	4
					2）起重作业操作示范及操作要领讲解		

续表

2.1.6 一级 / 高级技师职业技能培训要求				2.2.6 一级 / 高级技师职业技能培训课程规范			
职业功能模块（模块）	培训内容（课程）	技能目标	培训细目	学习单元	课程内容	培训建议	课堂学时
5. 培训与管理	5-2 机务管理	5-2-1 能建立与管理起重机技术档案	（1）建立起重机技术档案 （2）检查起重机技术档案	（1）建立与管理设备技术档案	1）设备技术档案建立标准 2）设备技术档案管理案例讲解 3）设备技术档案检查记录 4）设备技术档案检查问题整改 5）设备技术档案检查问题整改验证	（1）方法：讲授法、案例教学法、讨论法 （2）重点：保障设备的安全使用状态 （3）难点：技术档案管理的维护与改进	2
		5-2-2 能根据行业发展，制订设备更新计划	（1）设备使用收益与成本分析 （2）市场需求分析 （3）确定设备更新计划	（2）制订设备更新计划	1）设备使用收益与成本分析 2）市场需求分析 3）设备更新计划	（1）方法：讲授法、案例教学法、讨论法 （2）重点：制订设备更新计划 （3）难点：收益成本分析	2
		5-2-3 能应用信息技术、定位技术、射频技术等进行设备监控	（1）物联网应用技术 （2）起重作业安全管理 （3）定位技术在起重机行业的应用	（3）远程监控技术应用	1）物联网应用技术 2）信号的发射与接收 3）起重作业的安全及工况管理	（1）方法：讲授法、演示法、讨论法 （2）重点与难点：起重作业的安全以及工况管理	4
		5-2-4 能对大修后起重机整机性能进行检查和空载试验	（1）制定大修后起重机性能检查和试验方案 （2）大修后起重机性能检查和空载试验	（4）大修后起重机空载性能检查	1）汽车起重机和全地面起重机试验规范 2）制定大修后起重机性能检查和试验方案 3）起重机性能检查和空载试验 ①起升性能空载试验检查 ②变幅性能空载试验检查 ③回转性能空载试验检查 ④伸臂系统性能空载试验检查 ⑤支腿伸缩性能空载试验检查	（1）方法：讲授法、演示法、实训法、讨论法 （2）重点：大修后的起重机性能检查方法 （3）难点：制定大修后起重机性能检查方案	16

续表

2.1.6 一级/高级技师职业技能培训要求				2.2.6 一级/高级技师职业技能培训课程规范			
职业功能模块（模块）	培训内容（课程）	技能目标	培训细目	学习单元	课程内容	培训建议	课堂学时
5. 培训与管理	5-2 机务管理	5-2-5 能对大修后起重机进行连续装卸作业和静、动载荷试验	（1）大修后起重机连续装卸作业试验 （2）大修后起重机静、动载荷试验	（5）大修后起重机的起重作业性能试验	1）大修后汽车起重机和全地面起重机试验规范 2）大修后起重机连续装卸作业试验 3）大修后起重机静载荷试验 4）大修后起重机动载荷试验	（1）方法：讲授法、观摩法、讨论法 （2）重点：大修后的起重机作业性能试验方法 （3）难点：大修后汽车起重机和全地面起重机试验规范	16
误堂学时合计							120